海错鳞雅

——中华海洋无脊椎动物考释

杨德渐　孙瑞平　编著

U0189905

中国海洋大学出版社

·青岛·

图书在版编目（CIP）数据

　　海错鳞雅：中华海洋无脊椎动物考释/杨德渐, 孙瑞平编著. — 青岛 ： 中国海洋大学出版社，2012.12(2024.8重印)
　　ISBN 978-7-5670-0169-5

　　Ⅰ.①海… Ⅱ.①杨… ②孙… Ⅲ.①海洋生物—无脊椎动物—研究 Ⅳ.①Q959.1

　　中国版本图书馆CIP数据核字(2012)第282567号

出版发行	中国海洋大学出版社
社　　址	青岛市香港东路 23 号　　　　　　邮政编码　266071
出 版 人	杨立敏
网　　址	http://www.ouc-press.com
订购电话	0532-82032573（传真）
责任编辑	魏建功　　　　　　　　　　电　　话　0532-85902121
电子信箱	wjg60@126.com
印　　制	日照报业印刷有限公司
版　　次	2013 年 1 月第 1 版
印　　次	2024 年 8 月第 2 次印刷
成品尺寸	170 mm × 230 mm
印　　张	10.25
字　　数	190 千字
定　　价	59.00 元

释海错（代序）

海错之名，始见于先秦《书·禹贡》："厥贡盐绨（chī），海物惟错。"孔传："错，杂非一种。"言其（厥）贡品为盐、绨（细布）和杂非一种的海物。

其后，海错多见于文学作品。

南朝梁·沈约《究竟慈悲论》："秋禽夏卵，比之如浮云；山毛海错，事同于腐鼠。"唐·韦应物《长安道》诗："山珍海错弃蓄篱，烹犊炮羔如折葵。"宋·苏轼《丁公默送蝤蛑》诗："蛮珍海错闻久名，怪雨腥风入坐寒。"宋·杨万里《毗陵郡斋追怀乡味》诗："江珍海错各自奇，冬裘何曾羡夏绨！"成书于明天启七年（1627）的《初刻拍案惊奇》卷八："大王便叫摆酒与沈大郎压惊……那酒肴内，山珍海错也有，人肝人脑也有。"清·孔尚任《桃花扇·访翠》："赴会之日，各携一副盒儿，都是鲜物异品，有海错、江瑶、玉液浆。"

海错，又杂出于小说，清明以来，常以"海错"命书。

明·屠本畯《闽中海错疏》（1596）三卷，含鳞部二卷167种，介部一卷90种，多记我国东海闽浙一带产的海洋生物。该书实际上是一本地方动物志。屠本畯还写过一本《海味索隐》。

清·郝懿行《记海错》一卷本，见于嘉庆12年（1807）的《郝氏遗书》。对山东沿海海洋生物多有所记，其中述及27种海洋鱼类的体形特征及异名考辨。可以说是古代山东唯一一部辨识海洋生物的专著。又，郝懿行的《拾海错》："大化何斋（yūn）沦（水深广貌），泱漭（yǎng mǎng 广大、浩瀚）无停止。天地混沌日，沦海何时起。一碧浑涵间，今有太古水。潮汐割昏晓，如斯夫不已。月满鱼脑盈，月晦蟛胎死。渔父携笱篮，追随者稚子。逐虾寻海舌，淘泥拾鸭嘴。细不遗蟹奴，牵连及鱼婢。生物供人用，造化意如此。

鲲鲸在其中，芥子须弥耳。圆燧时一望，磨青几万里。"

清·郭柏苍《海错百一录》（1886）五卷，卷一记渔、鱼，卷二记鱼，卷三记介、壳石，卷四记虫、盐、海菜，卷五附记海鸟、海兽、海草。所记已广于通常所指之"海错"范围。

清·黄宫绣《本草求真》："蟶，其肉可成汤，以充海错"。指海错为诸种海味。

进入民国，周作人读《记海错》后，写过一篇刊于 1936 年 1 月 9 期《宇宙风》、署名知堂的书话，指出"中国学者虽然常说格物，动植物终于没有成为一门学问，直到二十世纪这还是附属于经学，即《诗经》与《尔雅》的一部分，其次是医家类的《本草》，地志上的物产亦是其一。普通志书都不很着重这方面，纪录也多随便……至于个人撰述之作，我最喜欢郝懿行的《记海错》，郭柏苍的《海错百一录》五卷和《闽产录异》六卷居其次。"

在胶州湾畔，四小海鲜的泥蚂、末货、海沙子和蚝艮，小有名气。除蚝艮这小银鱼须待考外，泥蚂乃泥螺，末货即糠虾，海沙子指去壳的凸壳肌蛤（曾名水彩短齿蛤）。据称，泥蚂要用水一焯去壳而食，末货加盐一蒸沾着大蒜吃最为正宗，海沙子做汤比蛤蜊还鲜，蚝艮则伴以韭菜。

近代，海错之名，已多不行用。

然，近年酒宴餐桌中频频出现的"海鲜"且冠以"生猛"二字，恐是"海错"之另样别名矣。

前 言

中华海洋无脊椎动物考释，乃考辨和解释多为中华古有所载、今有所称的海洋无脊椎动物名物（名称）。

《尔雅翼》（黄山书社版）谓："物之难明，为名之难名。名之难名，缘物多异名，异名之起，盖因五方之名既已不同，而古今之言又自有别。大而别之，或同物异名，或同名异物，因其纷繁，每易淆误。"

以中华绒螯蟹为例：学名 *Eriochier sinensis* H.Milne-Edwards，因其为中华沿海诸省的特有种，故中译名为中华绒螯蟹，此称为中国科学院自然科学名词编订室核定；依其生活环境或出水水域，亦称江蟹、河蟹、湖蟹、潭蟹、渚蟹、泖蟹、稻蟹、芦根蟹等；依其产地或集散地，记为阳澄湖大蟹、阳澄湖大闸蟹、阳澄湖清水蟹、澄蟹、胜方蟹、苏蟹、浙蟹、徽蟹、吴蟹、越蟹、淮蟹、沪蟹等；依其形名毛蟹；依其色曰橙蟹；依其捕捞法谓之大闸蟹；还有乐蟹、蟛蜞，文人墨客诗曰内黄侯、含黄白、夹舌虫、介秋衡，苏州吴音呼大煤蟹；幼蟹名交蟹、虱蟹、膏蟹；英文名 Chinese mitten crab，意为蟹掌（指）节的前端裸露，似露指毛手套，直译为中华露指毛手套蟹。

本书名取"海错"、"鳞"、"雅"，缘于类书中海洋无脊椎动物曾归类为海错或鳞（物），而成书于公元前 5 世纪至公元 2 世纪的文字训诂之《尔雅》，在辨生物异同、揭生物指归、解释词义的古籍中，影响深远且传流至今。有学者谓"尔"乃近也，"雅"本意为"正"，引申为规范化的词义。研究《尔雅》学问的雅学，除知名的晋·郭璞《尔雅注》外，还有宋·邢昺《尔雅疏》、宋·郑樵《尔雅注》、宋·罗愿《尔雅翼》、清·郝懿行《尔雅注疏》等等。

本书稿最早是用繁体字写就，在简-繁字体互换时，有脱字的现象，有异体字在简化后失去古籍原字义的（如鰕、蝦、虾等）；有部首从虫或从鱼等的不少通用字，也有抄写失误的通假字或别字；此外，由于国人和国家长期疏于关注和整理，也常使后人误为许多海洋无脊椎动物汉字名称是由日本舶来的。

如今，有学者提出"汉字学名"或"中文学名"，书报上也常把某动物汉字名称误谓之为学名。按《国际动物命名法规》，强制使用拉丁字母是动物学名拼写的必要条件，对种级以上的单名学名必须以一个大写字母开始，而物种的学名则是两个名称组合的双名（第一个是属名，第二个是种本名，属名必须以一个大写字母开始，种本名必须以一个小写字母开始）。故学名的称谓和命名，应依国际法规。

本书大体依现代动物分类体系，分条记述。每条含主名、次名、正文三部分。

主名，为该类群或物种在现代动物学中的用名。

次名，为主名的异名或俗称，且按正文所出书证的先后依次排列。*号示所录者为主名的组分或局部。

正文，为所出主名或次名由古至今的书证，并含分类学知识简述，以及学名、台湾用名、日借用汉字名、英文名，且在厘定今称和古称的关系中，力求以今统（通）古或统（通）古达今。

为便于读者查询，书后附参考文献，中文名和外文名索引。

因我们所学有限，把握不当、主观片面或谬误之处，恳请读者指教。

杨德渐（中国海洋大学）

孙瑞平（中国科学院海洋研究所）

目　次

1 水母 珊瑚

水 母

蛇 蚱 石镜 鲊 海蜇* 白皮子* 食用水母* 黄斑海蜇* 沙海蜇*

春秋时期，我先民就认识和食用水母。汉·袁康《越绝书》："水母目虾，南人好食之。"《越绝书》系记春秋时吴越人活动之书。

《文选·郭璞〈江赋〉》："璃蛣腹蟹，水母目虾。"李善注引《南越志》："（水母）无耳目，故不知避人。常有虾依随之。虾见人则惊，此物亦随之而没。"古人误水母无目，靠其共生的"寄生虾"而动。

唐·刘恂《岭表录异》卷下："水母，广州谓之水母，闽谓之蛇（zhà）。其形乃浑然凝结一物，有淡紫色者，有白色者。大如覆帽，小者如碗，腹下有物，如悬絮，俗谓之足，而无口眼。常有数十虾寄腹下，咂食其涎。浮泛水上，捕者或遇之，即欻然而没，乃是虾有所见耳。《越绝书》云，海镜蟹为腹，水母即虾为目也。南人好食之。云性暖，治河鱼之疾。然甚腥，须以草木灰点生油，再三洗之，莹净如水晶紫玉，肉厚可二寸，薄处亦寸余。先煮椒桂，或豆蔻、生姜缕切而煠之，或以五辣肉醋，或以虾醋如鲙，食之最宜。虾醋亦物类相摄耳。水母本阴，海凝结之物，其理未详。"

水母亦曾为海神名，南北朝·王褒《九怀·思忠》："玄武步兮水母，与吾期兮南荣。"王逸注："天龟水神，侍送余也。"

后人视水母和海蜇常混称不别。唐·段公路《北户录》："水母，一名蚱（zhǎ），一名石镜，南人治而食之。云性热，偏疗河鱼疾也。"明·屠本畯《闽中海错疏》卷中："按《物类相感志》云，水母大者如床，小者如斗。明州谓之鲊（zhǎ）。其红者名海蜇，其白者名白皮子。"此记中"大者如床"者，可能指现在的霞水母 *Cyanea*。

宋·沈与求《钱塘赋水母》诗："疾风吹雨回江城……眼中水怪状莫名，出没沙觜如浮罂，复如缁笠绝两缨，混沌七窍俱未形，块然背负群虾行。"说，水母似小口大肚的瓶（罂），出没于泥沙河口海面，又似缨穗飘带的斗笠令人称绝，这五官尚未成形的动物，还和许多小虾（水母虾）戏游。故"老渔旁睨笑发声，曰此水母官何惊。"

"水母目虾"，比喻凭藉他人的见解以为己意或喻人无主见。梁启超《答和事人》："吾尝论中国人之性质，最易为一议论所转移，有百犬吠声之观，有水母目虾之性。"

食用水母，英文名 edible medusa，在我国，除下文的海蜇外，尚有隶于根口水母科、具棒状附属物、外伞具小而硬突起的黄斑海蜇 *Rhopilema hispidum*（Vanhöffen）和隶于口冠水母科、无棒状附属物的沙海蜇 *Stomolophus meleagris* L.Agassiz。

如今，水母是腔肠动物和栉水母为词根的动物的通称。钟状或伞形，体透明，除喇叭水母外皆浮游于水层中。参见海蜇文。

海　蜇

鲊鱼　蝤　蜇　江蜇　海蛆　蜇皮　海蝤　蛇　鮀　蝲　借眼公　虾助　鮲
蟓　鳔　鲊　樗蒲鱼　鰕鲊　海靼　海舌　石镜　白皮纸*　海蜇皮*　海蜇头*
备前水母

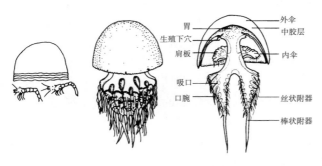

图1-1　海蜇　（左仿《本草纲目》）

春秋时古人已食海蜇，但称水母。西晋·张华《博物志》卷三："东海有物，状如凝血，从广数尺，方圆，名曰鲊（zhǎ）鱼。无头目处所，无内脏。众虾附之，随其东西。人煮食之。"此亦见水母文。

《说文》："蜇，虫行毒也。"《玉篇·虫部》："蜇，虫蝲也。"《正字通·虫部》："蜇，江蜇，即海蛆。味咸，可生啖。俗呼海蜇，亦曰蜇皮，以其似皮也。"《三才图会·鸟兽六》记："水母，其大如席，无头目，然亦能作声。水母不能动，虾或负之，则所往如意，俗呼为海蝤。"蝤蜇通用，故海蝤通海蜇。依字义，海中可蜇人之虫，谓之海蜇。今知，该动物具特有的刺细胞，当受刺激时，其刺丝泡便可射出，注以毒汁以蜇人。

目前，游泳者被海蜇蜇伤，建议用超过体温的热水毛巾热敷于被蜇处，当晚即免刺痛难忍之苦。

蛇（zhà），形声为从虫之宅。古人认为，海蜇为虫（水母虾）之宅（见

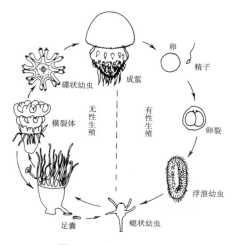

图1-2 海蜇生命周期

图中标注：卵、精子、成蜇、碟状幼虫、无性生殖、有性生殖、横裂体、卵裂、足囊、螅状幼虫、浮浪幼虫

虾条），并误海蜇以虾为目。《太平御览》卷九四三引晋·沈怀远《南越志》："海岸间而育水母，东海谓之蛇。或作蚱（zhà）。"或名借眼公或虾助，宋·毛胜《水族加恩簿》："令惟尔借眼公，受体不全两相藉，赖宜受同体合用功臣，左右卫驾海将军。"清·李元《蠕范》卷三："蛇以鰕为目，蟟以蟹为腹，虎以伥为手。"蟟，今释为蛤或寄居蟹。

海蜇除称螫、蜇、蛇外，又称鮀、蟷、鰿、鮓等。依海蜇形似羊胃，《广韵·祸韵》："鮀，水母也。一名蟷，形如羊胃。无目，以虾为目。"《事物异名录》卷三八："鰿，《唐韵》蛇，一名鰿。"《尔雅翼·释鱼三》曰："蛇，一名水母，又曰鮓鱼，又名樗蒲鱼。今浙人通呼鰕鮓，又名海粗。食之。"李时珍《本草纲目·鳞四·海蛇》集解藏器曰："蛇，生东海。状如血䘚，大者如床，小者如斗。无眼目腹胃，以虾为目，虾动蛇沉，故曰水母目虾。""蛇，乍宅二音，南人讹为海折，或作蚱、鮓者。"

古代，除记名外，还知海蜇渔业和气象的关系并掌握了加工的方法。明·彭大翼《山堂肆考》："水母，生海中，四五月初生如带，至六月渐大如盘形，似白棉絮，而无耳目口鼻鳞骨，一段赤色破碎者谓之头，其肉如水晶，以明矾腌之，吴人呼为水母鲜，久则渐薄如纸，俗呼为白皮纸。"

清·李元《蠕范》卷三又记："蛇，鰿也，鮓也，水母也，鰕鮓也，海粗也，海舌也，江蜇也，海蜇也，蜇皮也，石镜也，樗（chū）蒲鱼也。"

清·郭柏苍《海错百一录》："鮀，本海物，时或浮于江海之交。"又："海面日烈，时雨迸之，则多结，无雨则产缺。谚云'四月八，一晡雨，一葡鮀'。闽人呼暑雨挟雷者为晡时雨，呼物之聚结者为葡。"

民国·徐珂《清稗类钞 动物类》记："海蜇，即水母，又谓之蛇，腔肠动物也。产于近海，大者径尺余，种类甚多。最普通者，上面高凸，状如张徽，平滑而软，色淡蓝，其薄皮俗称海蜇皮。下有八腕，延长如柄，色淡红，俗称鸡冠海蜇。腕上触手丛生，触手之间有无数细口，内通胃腔。伞之边缘有耳及目，以司感觉。常浮游水面，众虾附之以为栖息，古称水母目虾，谓其以虾为目，实非。"

海蜇雌雄异体，分批产卵，体内受精，个体发育历经受精卵、卵裂、囊胚、原肠胚、浮浪幼虫、螅状幼虫（钵口幼虫）、横裂体、蝶状幼虫、成蜇等阶段。除精卵在体内受精行有性生殖外，海蜇的螅状幼虫还会生出匍匐根不断形成足囊，甚至横裂体也会不断横裂成多个碟状幼虫，以无性生殖大量增加其个体的数量。

海蜇 *Rhopilema esculentum* Kishinouye，日借用汉字名备前水母。伞缘无触手，口腕逾合，末端具丝状和棒状附属物，具吸口。今隶属于腔肠动物门，钵水母纲，根口水母科。常把海蜇可食之伞部和口腕加工，市售名分别为海蜇皮、海蜇头。近代，知海蜇可预感风暴来临，仿生学中谓之"水母耳"。随着人工育苗和放养增殖水平的提高，海蜇的产量有上升的趋势。

市场上，也常把可食水母如黄斑海蜇和沙海蜇，俗称为海蜇。

海月水母

海月　水水母

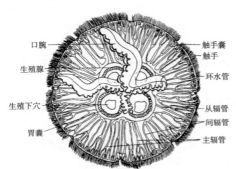

左侧标注：
口腕
生殖腺
生殖下穴
从辐管
间辐管
胃囊

右侧标注：
触手囊
触手
环水管
从辐管
间辐管
主辐管

图1-3　海月水母（口面观）

三国时记海月。三国吴·沈莹《临海水土异物志》："海月，大如镜，白色正圆。常死海边。其柱如搔头大，中食。"又："海月，形圆如月，亦谓之蛎镜。"对此，后人有歧见，"大如镜"者为"水母"，"蛎镜"者为"窗贝"。

明·杨慎《异鱼图赞》卷四曰："海物正圆，名曰海月，指如搔头，有缘无骨。海赋江图，藻咏互发。"有缘无骨当指海月水母，而海镜为有壳之贝。

海月水母浮于水中，圆盘状月像，酷似"海中之月"。海月水母 *Aurelia aurita* Linné，日借用汉字名水水母。无缘膜，口腕彼此分离，缘触手细小，具环管。每年 3～5 月，习见于港湾码头海域。隶属于腔肠动物门，钵水母纲，旗口水母目，洋须水母科。

珊　瑚

海花石　珊瑚虫　浮石

先秦记珊瑚。《说文·玉部》："珊瑚，色赤，生于海，或生于山。"《史记·司马相如列传》："玫瑰碧琳，珊瑚丛生。"

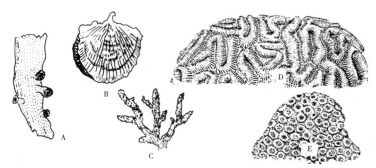

A.瓶形珊瑚；B.扇形珊瑚；C.鹿角珊瑚；D.双沟珊瑚；E.星珊瑚

图1-4 珊瑚（骨骼）

唐·元稹的诗词多有珊瑚或珊瑚树句，但我国典籍所记之珊瑚，从颜色到形态的描述，应指海扇等角珊瑚。"生于山"及误为植物或矿物等的看法，仍延续至明清。见海柏扇文。

在动物学中，珊瑚为腔肠动物门，珊瑚纲动物中以珊瑚为词尾动物的统称。多树枝状或球形，如薄片状的表孔珊瑚 *Montipora*、分枝状的鹿角珊瑚（台湾名轴孔珊瑚）*Acropora*、团块状的脑珊瑚 *Platygyra* 等，是珊瑚水螅虫无性繁殖形成的，多为定形群体。

民国·徐珂《清稗类钞 动物类》记："海花石为珊瑚虫类，《本草》谓之浮石。面有多数浅窝，纹如菊花，灰白色，坚硬如石。鞣皮厂中每以之磨皮垢，小者常供案头清玩。"三国时，西域有金、银、硫砺、砗磲、玛瑙、珊瑚、琥珀、真珠的七宝，或称金、银、琉璃、珊瑚、砗磲、珍珠、玛瑙为七宝，或佛教七宝（七珍）为砗磲、玛瑙、水晶、珊瑚、琥珀、珍珠、麝香。

如今，市售的白色珊瑚，则是石珊瑚经加工后的骨骼标本。石珊瑚英文名 stone coral。隶属于珊瑚纲，六放珊瑚亚纲，石珊瑚目。具坚硬的钙质外骨骼，具一环为6的倍数的触手和隔膜，口道短无口道沟。单体者如石芝，群体者如鹿角珊瑚、双沟珊瑚、星珊瑚等。

石 芝

蘑菇珊瑚　覃珊瑚　步行珊瑚

晋·葛洪《抱朴子》："芝有石、木、草、菌、肉五类，各近百种。道家有石芝图。石芝者，石象芝也。生于海隅名山岛屿之崖，有积石处。其状如肉，有头尾四足如生物，附于大石，赤者如珊瑚。"

图1-5 石芝（骨骼）

明·李时珍把其他软珊瑚亦归为石芝或百桂芝，此见《本草纲目·石部·石芝》集解时珍曰："时珍按图及抱朴子说，此乃石桂芝也。海边有石梅，枝干横斜。石柏，叶如侧柏，亦是石桂芝类云。"

今之石芝，有别于李时珍所记。古称广于今之界定。石芝 *Fungia*，单体，其骨骼形如蘑菇，又名蘑菇珊瑚、覃珊瑚，系译自英文 mushroom coral。又称步行珊瑚（walking coral），因水流冲击或靠触手撑在海底，使之缓行而得名。隶属于腔肠动物门，珊瑚纲，石珊瑚目。如环形石芝 *F. cyclolites* Lamarck 等，见于南海海域。

沙箸

沙筯　涂钗　越王余笄　海笔

图1-6 沙箸

沙箸（zhù），初见于唐代。唐·刘恂《岭表录异》卷中："沙箸，生于海岸沙中，春吐苗，其心若骨，白而且劲，可为酒箸。凡欲采者，轻步向前，及手，急按之。不然，闻行者声，遽缩入沙中，掘寻之，终不可得也。"汉字本义箸为筷子，又作筯，又记为沙筯或涂钗，钗为妇女的一种首饰。明·屠本畯《闽中海错疏》卷下："沙筯，长尺余，其状如簪，故又名涂钗。"

沙箸 *Virgularia*，日借用汉字名越王余笄，笄（jī）为古代束发用的簪子。沙箸具叶状体和石灰质的中骨轴，叶状体上又具许多八个羽状触手的水螅体，群体基部膨大为末球，可锚于软泥沙中。形似西方古代之羽毛状笔，其名译自 sea pen。俗称海笔。隶属于腔肠动物门，珊瑚纲，八放珊瑚亚纲，海鳃目。

海柏扇

石帆　珊瑚树　烽火树　海团扇　海铁树　海梳

《文选·郭璞〈江赋〉》："石帆蒙笼以盖屿，萍实时出而漂泳。"李善注："刘逵《吴都赋》曰，石帆，生海屿石上，草类也。"古人误其为植物。清·郭柏苍《海错百一录》卷三："石帆，紫黑色。生海中石穴间。枝柯相动，连带不绝，

图1-7 海柏扇

故谓之帆。"

南朝梁·任昉《述异记》卷上："珊瑚树,碧色。生海底,一株十枝,枝间无叶,大者高五六尺,至小者尺余。蛟人云,海上有珊瑚宫。汉元封二年,郁林郡献瑞珊瑚。"明·曹昭《格古要论·珊瑚》："珊瑚树,生大海中,海人以铁网取之。其色如银珠鲜红,树身高大,枝柯多者为佳。"明·李时珍《本草纲目·金石一·珊瑚》 释名 时珍曰:"珊瑚……汉赵佗谓之烽火树是也。亦有黑色者不佳,碧色者亦良。"所指均非今之珊瑚。

今知,海柏扇隶于腔肠动物门,珊瑚纲,八放珊瑚亚纲,柳珊瑚目(又称角珊瑚 horny coral)的扇柳珊瑚属 *Gorgonia*。直立呈植物样,具角质的中轴骨骼,其向平面发展的群体并分枝彼此连成扇状。俗称海团扇,故宫《海错谱》记"海铁树"亦名海梳。见于我国南海。

海 葵

菟葵　菟葵萘　海菊花　沙筒　海腔根　矶巾着　石乳　岩乳　猪母奶

图1-8 海葵和寄居蟹

民国·徐珂《清稗类钞 动物类》曰:"菟葵,为珊瑚虫类之一种,其状如菟葵之花,故亦名菟葵,或曰菟葵萘。其体为圆筒形,大如拇指,一端附著礁石,周围生多数触手,用以取食。平时触手敛缩,形如花蕾,全体柔软,实为珊瑚虫之无骨骼者也。"

菟葵即今之海葵。海葵,古籍未见此称,为日借用汉字名。

软而美丽的触手充分伸展时,犹如海中生机勃勃的向日葵或菊花,故得名。隶属于腔肠动物门,珊瑚纲,六放珊瑚亚纲,海葵目。

海葵目动物单体,触手位于口盘外缘,触手和隔膜为6的倍数,常具两个口道沟。基盘有或无。常暂时性地固着生活。如黄海葵 *Anthopleura*、纵条肌海葵 *Haliplanella luciae*(Verrill)、细指海葵 *Metridium* 等。

俗称海菊花、沙筒。山东胶东沿海戏称海腔根,当海葵受刺激时,缩成形似脱肛的肠段。民间又记石乳、岩乳、猪母奶等。日借用汉字名矶巾着。英文名为 sea anemone。

纵条全丛海葵

石奶　西瓜海葵　金钱海葵　滨玫瑰　纵条矾巾着

曾用名纵条肌海葵 *Haliplanella luciae*（Verrill），现学名 *Diadumene lineata*（Verrill），中译名为纵条全丛海葵。附于石块，体表具紫褐色带橘黄色的纵带。隶属于海葵目，肌海葵科，肌海葵属。

当其收缩后，形似附于岩石上的乳头，名石奶。又似附于岩石上的西瓜，得名西瓜海葵。金钱海葵、滨玫瑰，均为纵条肌海葵收缩后的俗称。日借用汉字名纵条矾巾着。

图1-9　纵条全丛海葵

腔肠动物

刺胞动物

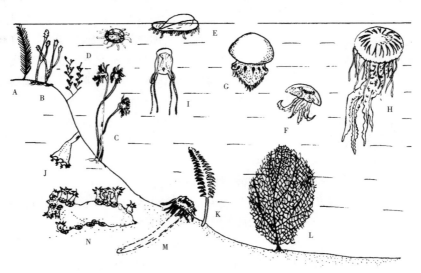

A~E水螅纲：A.羽螅；B.棍螅；C.筒螅；D.薮枝螅及其水母体；E.帆水母
F~H钵水母纲：F.海月水母；G.海蜇；H.霞水母；I.立方水母纲；灯水母
J~N珊瑚纲：J.喇叭水母；K.海笔；L.海扇；M.海葵；N.珊瑚

图1-10　腔肠动物

腔肠动物门 Coelenterata，名由希腊文 *koilos* 和 *enteros* 直译而来。

因其具特殊的刺细胞，又名刺胞动物门 Cnidaria。刺胞动物，希腊文为 *knide*，英译 nettle，中译为荨麻。意为蛰后使人起荨麻疹的动物。

腔肠动物，呈管状或伞形，一端开口，另端封闭。口端常具触手，体壁由二细胞层（内胚层和外胚层）组成，组织分化简单且以上皮组织为主。全球约 13 000 种，我国已记 1 400 余种。常分为钵水母纲、水螅纲和珊瑚纲。

钵水母纲 Scyphozoa（Gr.，*skyphos*，cup；*zoon*，animal），直译为杯（钵）状动物。英文名为 jellyfish。我国典籍所记之钵水母不晚于晋，常指可食之海蜇。近 300 种钵水母纲动物，其汉字名依生境、伞部形态或腕是否逾合而得，如固着生活的喇叭水母，腕不逾合的旗口水母如海月水母，腕逾合的根口水母如霞水母、海蜇等。此外尚有立方水母 Cubozoa，又名 box jellyfish，sea wasp，见于热带海域者毒性极强。

水螅纲 Hydrozoa（Gr.，*hydra*，water serpent；*zoon*，animal），直译为水魔鬼动物。该纲动物常以"螅"为词根，前缀以特具的形态，如筒螅、棍螅、薮枝螅等。其具水螅水母的物种，例如，淡水的桃花水母，群体多态的僧帽水母、帆水母、银币水母等，皆以形似而得名。

珊瑚纲 Anthozoa（Gr.，*anthos*，flower；*zoon*，animal），直译为花样的动物。全球 6 000 余种，在我国已记 500 多种。其中如笙珊瑚（organ-pipe coral），软珊瑚（soft coral），角珊瑚（horny coral）包括海扇（sea fan）、海鞭（sea whip）和红珊瑚（red coral）、海笔（sea pen）和石珊瑚（stony coral）等，其中文名译自英文。我国汉代记珊瑚，晋代记石芝，唐代记沙著。但是，对石珊瑚详尽的记述，还是近百年的事。

2 海贝

贝

赑* 蚶* 魧* 鲼* 蚆* 蜠* 呗* 螺* 蛤* 蚌* 乌贼* 海介虫 软体动物

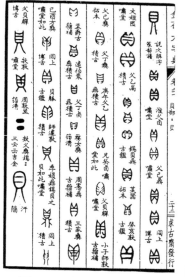

图2-1 贝字（仿《金石大字典》）

《尔雅·释鱼》曰："贝，居陆赑（biāo），在水者蚶（hán）。大者魧（háng），小者鲼（jì）。玄贝，贻贝。余赆，黄白文。余泉，白黄文。蚆，博而颏（guǐ）。蜠（jùn），大而险。蟥，小而鹬。"郭璞注："水陆异名也。贝中肉如科斗，但有头尾耳……此，皆说贝之形容。"《说文·贝部》："贝，海介虫也。居陆名猋，在水名蚶。象形。古者货贝而宝龟。周而有泉，至秦废贝行钱。凡贝之属皆从贝。"

《汉书·食货志下》记大贝、壮贝、幺贝、小贝。唐·欧阳询《艺文类聚》卷八十四引汉·朱仲《相贝经》记紫贝等12种，故上记亦皆指货贝或宝贝。《艺文类聚》卷九十七鳞介部下，记螺、蚌、蛤、蛤蜊、乌贼、石劫，但各有所表。

殷墟甲骨文的贝字，似宝贝的腹面观。鬲尊、古匋的贝字，现两尾垂，示宝贝软体部之触角。故古籍的贝字，从字形至释义，与宝贝无别。《埤雅》："贝以其背用，故谓之贝。"《正字通》："呗，俗贝字。"均说明古人视贝，从鱼或从虫。呗字亦见于日借用汉字，如织纹螺日用汉字名为余赋呗。

《书·禹贡》："淮海惟扬州……岛夷卉服，厥筐织贝。"贝的花纹，见于丝织物上。后随贝之应用，遂多异名。《山海经》记有文贝、美贝、黄贝。《尔雅翼》曰："盖此等饰，非特取容，兼取其声也。"又"赀，贝声也，从小贝。"段玉裁注："聚小贝，则多声。"明·李时珍《本草纲目·介二》载有研螺、贝齿、白贝、海肥等。研螺用以压物（纸）。除贝的软体部（肉部）可食用，碳酸钙和少量角质素的贝壳可做工业原料、饲养添加剂、入药或供做酒杯、颈饰、服饰、马饰、贝雕等。沿海古人类遗址遗留有贝壳堆积物的贝丘（贝冢），北京周口店山顶洞人磨孔的贝壳，可证史前食和用贝类的历史。

　　贝字实质意义的扩展，除宝贝、马蹄螺、蛤、贻贝、牡蛎等引自汉文古籍的名称外，日用汉字拓展到玉贝（玉螺）、梭贝（梭螺）、法螺贝（法螺）、蛇贝（蛇螺）、竹蛏贝（竹蛏）、砗磲贝（砗磲）等等。

　　《说文》记蠯等八隶，蠯、蜃、盒、蠃、蛎、蜗、蝓。段玉裁注："自蠯至蝓，八隶为一类，皆介虫也。其外有壳。"盒即蛤，除蛤、蚌、蜗、蝓，或蜃有海市蜃楼之说外，余今多不行用。

　　近代，动物学中所界定的贝，除前人辑录的宝贝等外，已大大外延，含石鳖、蛤、蠔、螺、鲍、乌贼、章鱼、鹦鹉螺等，乃至是软体动物的同物异名。英文名 shellfish。研究软体动物的学科，称为软体动物学（Malacology）或近同于贝类学（Concology）。我国的海水贝类养殖，包括缢蛏、牡蛎、泥蚶、文蛤、菲律宾蛤仔等的滩涂贝类，以扇贝、贻贝等的浅海贝类。参见螺、宝贝、蛤、乌贼、软体动物等文。

石　鳖

海八节毛　海石鳖

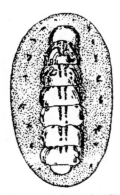

　　明·李时珍《本草纲目·石部二·石鳖》集解时珍曰："石鳖，生海边，形状大小俨如蟅虫，盖亦化成者。蟅虫俗名土鳖。"按，石鳖形似背腹扁平之土鳖，土鳖属节肢动物。

　　石鳖，今为软体动物门多板纲的统称。英文名 chiton。体椭圆形，背腹扁平。背部由八块覆瓦状排列的壳板和无壳板的环带组成。环带上生有鳞片、针束或棘刺等附属物。腹部足宽大以匍匐爬行于海底。其经济价值不大。目前，我国已记石鳖9科20属40余种。在岩岸潮间带中低潮区，尤以红条毛肤石鳖 *Acanthochiton rubrolineatus*（Lischke）最为习见，俗称海八节毛、海石鳖。

图2-2　红条毛肤石鳖

螺

蠃 蠡 蜬 蜗 芘蠃 苀蠃 躶步

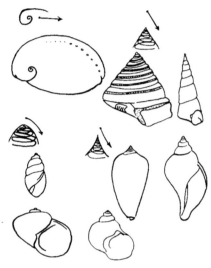

图2-3 螺（示意图）

《尔雅》《说文》《山海经》等，记蠃或贝，未记螺，贝则特指货贝或宝贝。后出之螺，亦非先秦之蠃。

将蠃释为"螺属"，贝释为"皆说贝之形容"，或后世将蠃、螺、贝视为一类者，非东晋训诂学家郭璞莫属。《尔雅·释鱼》："蠃，小者蜬。""蝻、蟧，小者蟧。"郭璞注"螺属，见《埤苍》。或曰即蟛蟧也，似蟹而小者音滑。"《尔雅·释鱼》："贝，居陆贆，在水者蜬。大者魟，小者鲼。玄贝，贻贝。余贝，黄白文。余泉，白黄文。蚆，博而颓。蛔，大而险。蠈，小而猕。"郭璞注："此，皆说贝之形容。"《山海经·南山经》："泏水出焉，而南流于阀之泽，其中多芘蠃。"又见郭璞注："紫色螺也。"郝懿行云："郭云紫色螺，即知经文，芘当为苀字之讹也。"可证。

在《尔雅·释鱼》中，虽有"蠃（luǒ），小者蜬"，但又称"贝，在水者蜬"。蠃、贝均为蜬，说明《尔雅》当时无法将它们拆分。

何谓蠃，《易经·说卦》："离……为蠃，刚在外也。"《艺文类聚》卷九十七·鳞介部下："鹦鹉螺……肉离壳出食，饱则还壳中，若为鱼所食，壳乃浮出。""寄居之虫，如螺而有脚，形如蜘蛛，本无壳，入空螺壳中，戴以行。触之缩足如螺闭户也，火炙之乃出走，始知其寄居也。"明·胡世安《异鱼图赞补》卷下："螺名躶（luǒ）步，负壳露行，卵著石软，取辄坚贞，浮于海际，兆世昇平。"称蠃"离"、"肉离壳出食"或为"寄居之虫"，或"躶步"或如郭璞注"即蟛蟧也"，均把出食者（寄居、蟛蟧）或误可出食者（鹦鹉螺），谓之蠃。今析出，此参见寄居蟹、鹦鹉螺等文。

蠃（luǒ），先秦已行用，后世注皆作螺、蜗或蠡（lí）。《礼记·内则》："食蜗醢而食雉羹。"原注："蜗与蠃同。"醢（hǎi）为鱼或螺肉制成的酱，雉（zhì）俗称野鸡。《经典释文》："京做螺，姚作蠡。"《广韵》："螺本作蠃，大者如斗，出日南。"《集韵》："蠃，蚌属，大者如斗，或作螺。"仍不乏将蠃与蚌牵合为一者。

《尔雅翼》："蠃，古字通于蠡。今惟作螺。"

再后，明·屠本畯《闽中海错疏》记石决明、香螺、泥螺、田螺等近二十种，包括海生、淡水、陆生或壳退化者。《格致镜原》卷九十五引《山堂肆考》："螺种最多，有砑螺、珠螺、梭螺、泥螺、白螺。或生田泽，或生海涂，或生岩石上。"

《说文》记蠊、蜃、螷、蠡、蛎、蚌、蜗、蝓。段玉裁注："自蠊至蝓，八隶为一类，皆介虫也。其外有壳。"其中，蜗、蝓为螺属。螺具实用价值，供作装饰、容器、吹奏、药用、食用。宋·梅尧臣诗句"海月团团入酒螺"是为容器，《南齐书·东南夷传·林邑国》"习山川善斗，吹海蠡为角"为吹器。有的则是危害人、畜、禽、鱼之寄生虫的中间寄主，或是养殖动物的敌害。

民国·徐珂《清稗类钞 动物类》称："螺，与蠃同。软体动物之硬壳有旋线，其体可以宛转藏伏者，统谓之螺，种类甚多，大者可为酒具与吹器。壳之内面，光色美丽，可用以镶嵌漆器。"

今，螺为软体动物门、腹足纲之统称。英文名 snail，spiral shell，whorl。足位于头部的腹面，具锥形、纺锤形或椭圆形且多螺旋的单个壳，亦含壳退化者。全球种类繁多约计 8.8 万种，是软体动物中最大的一纲。其中，鲍、红螺、海兔等已人工养殖。在我国现生的之海螺已记 2 500 多种。参见贝、软体动物文。

鲍

石决明　鳆鱼　鳆　决明　千里光　九孔螺*　石华　石鳖　苕叶盘　石鲑
佛羊蚶　将军帽　鲍鱼

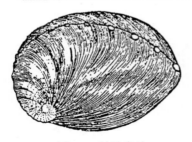

图2-4　皱纹盘鲍

鲍名始见于秦汉，称石决明、鳆（fù）鱼等。《黄帝内经·素问》称石决明具"平肝、潜阳、熄风、通络"之功。《汉书·王莽传》"（莽）忧懑不能食，亶饮酒，啖鳆鱼。"宋·李石《续博物志》卷十："石决明，亦名九孔螺。"石决明，因鲍壳具明目之功得名。

对鲍之形态结构、生活习性、采集法和食用药用价值，古籍均颇详记。《渊鉴类函·鳞介部·鳆鱼》引《广志》曰："鳆无鳞，有壳。一面附石，细孔杂杂或七或九。"又引明·叶子奇《草木子》曰："石决明，海中大螺也。生南海崖石上。海人泅水取之，乘其不知，用力一捞则得。苟知觉，虽斧凿亦不脱矣。"明·李时珍《本草纲目·介二·石决明》集解时珍曰："陶氏以为紫贝，雷氏以为真珠牡，

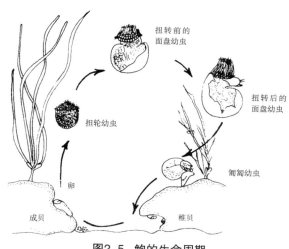

图2-5 鲍的生命周期

杨倞注荀子以为龟甲，皆非矣。惟鰒鱼是一类二种。"主治："目障瞖痛青盲，久服益精轻身。"又 释名 时珍曰："决明，千里光，以功名也。九孔螺，以形名也。"

古记之石华，即鲍。《文选·郭璞〈江赋〉》："玉珧海月，土肉石华。"李善注《临海水土异物志》："石华附石生，肉中啖。"

明·屠本畯《闽中海错疏》卷下："石华，附石而生，方言谓之石鼋。肉如蛎房，壳如牡蛎而大。可饰户牖天窗。按谢灵运诗云：挂席拾海月，扬帆采石华。其味与海月俱同蛎房。"清·郭柏苍《海错百一录》"石华，一名苕叶盘。《三山志·方言》谓之石鼋。苍按，石华形似苕叶，苕叶者包槟榔之蒌也。"

清·李元《蠕范》录历代之鲍名："鰒，鲍鱼也、石鲑也、石华也、石决明也、九孔螺也、千里光也、佛羊蚶也、将军帽也。似蚌而扁，似蟹而紫。附石有囊如腕。"按，九孔螺为鲍之一种杂色鲍。

鲍鱼，此称亦有歧义。《大戴礼记·曾子疾病第五十七》："与君子游，苾乎如入兰芷之室，久而不闻，则与之化矣。与小人游，贷乎如入鲍鱼之次，久而不闻，则与之化矣。是故，君子慎其所去就。"《孔子家语·六本》："与善人居，如入芝兰之室，久而不闻其香，即与之化矣。与不善人居，如入鲍鱼之肆，久而不闻其臭，亦与之化矣。"此称，鲍鱼为盐干的咸臭鱼，鲍鱼之肆指小人集聚之所，以喻交友之道，或比喻恶劣之环境。

今，鲍为软体动物门前鳃亚纲，原始腹足目，鲍科的统称。英文名 sea ear 或 abalone。在我国已记 8 种。壳低扁而宽，呈耳状，壳缘具一列 4 ~ 10 个小孔，壳内具珍珠的光泽。北方著称的皱纹盘鲍 Haliotis discus hannai Reeve 具 4、5 个孔，壳长约 10 厘米。南方的杂色鲍 H. diversicolor Reeve 具 7 ~ 9 孔，壳长 8 ~ 9 厘米。近年，我国十分重视养鲍，1986 年，鲁、辽等地开始了工厂化养鲍。有北鲍南养的养殖模式，即冬季把北方 2 厘米的粒鲍（稚鲍）运到南方过冬，来年 4 月再接回育肥。在民间，鲍亦享有"鲍、干贝、鱼翅、燕窝、海参、鱼肚、鱼唇、鱼子"海八珍之首的盛誉。

蚬

老蚌牙* 牛蹄* 石磷 缉

图2-6 史氏背尖贝
（仿齐钟彦等）

明·屠本畯《闽中海错疏》卷下："蚬，生海中，附石。壳如麂蹄。壳在上，肉在下，大者如雀卵。""老蚌（bàng）牙，似蚬而味厚。一名牛蹄，以形似之。"又："石磷，形如箬笠。壳在上，贝肉在下。"《晋江县志》："蚬，海中附石，壳在上，肉在下，俗呼曰缉。"

今，蚬为软体动物门，前鳃亚纲，原始腹足目，蚬超科的统称。英文名 limpet。壳无螺旋部，为圆锥形帽状，似鲍吸附在岩石上。名多见于明朝。因所记欠详，均不能核定至种。我国已记钥孔蚬科、帽贝科（台湾名笠贝科、笠螺科）、花帽贝科、笠贝科（台湾名青螺科）等近 70 种。

帽贝科的嫁蚬（台湾名花笠螺）Cellana toreuma（Reeve）、笠贝科的史氏背尖贝 Notoacm schrenckii（Lischke）均习见于我国沿海岩岸潮间带。而帽贝科的龟甲蚬 Cellana testudinaria（Linné）则见于南海中低潮区岩礁间，文中老蚌牙、牛蹄似指此。

马蹄螺

马蹄 公螺 海决明 钟螺

图2-7 马蹄螺
（仿张玺等）

明·屠本畯《闽中海错疏》卷下载："马蹄，形似，故名。"《古今图书集成·禽虫典·螺部》引《瑞安县志》："螺有刺螺、花螺、香螺、马蹄螺。"按，瑞安为温州的属邑。《辞海》："马蹄螺，俗称公螺。"中药名海决明。

今，马蹄螺为软体动物门，前鳃亚纲，原始腹足目，马蹄螺科的统称。台湾称钟螺。英文名 top shell。在我国已记 50 余种。壳圆锥或球形，壳底部平坦，壳珍珠层厚，齿舌的齿呈扇形。壳口圆或马蹄状，故得名。括食海藻，为藻类养殖的敌害。锈凹螺 Chlorostoma rustica

（Gmelin）习见于岩岸中低潮带，托氏蜎螺 *Umbonium thomasi*（Crosse）喜在潮间带沙滩爬行，而大马蹄螺 *Tectus niloticus* Linnaeus 则见于东海、南海低潮线到潮下带 10 米。多作藏品或装饰用。

台湾称大马蹄螺为牛蹄钟螺。海南又称大马蹄螺为公螺。

蝾 螺

荣螺　拳螺

图2-8　夜光蝾螺
（仿张玺等）

民国·徐珂《清稗类钞 动物类》说："荣螺，为软体动物，亦作蝾螺，形如拳，故又名拳螺。壳甚厚，有厣，孔大而圆，外暗青色，内稍作真珠色，螺层上间有突出处如管。栖息岩礁之阴，肉味颇美。"

今，蝾螺隶于软体动物门，腹足纲，前鳃亚纲，蝾螺科。壳厚，壳口宽阔，壳面可有珠状突、瘤突或肋纹。最大者如产于印度西太平洋的夜光蝾螺 *Turbo marmoratus* Linnaeus，壳高近 20 厘米，壳表呈灰绿色，有褐色斑纹。壳口具石灰质半球形厣（猫眼），壳口内面具珍珠光泽。体螺层以上的数层似鳞茎的包头巾，故英文名 turban shell。在我国，已记蝾螺科 6 属 27 种。在北方沿海习见的是朝鲜花冠小月螺 *Lunella coronata coreensis*（Recluz）

滨 螺

米螺　珠螺　玉黍螺

图2-9　短滨螺
（仿齐钟彦等）

明·屠本畯《闽中海错疏》卷下记："米螺，小粒似米。肉可食。"又《晋江县志》："珠螺，米螺。小似豆，有五色。"因壳形似圆滚的玉米粒，且数量多，故所记为滨螺。

今，滨螺为软体动物门，前鳃亚纲，中腹足目，滨螺科的统称。台湾称玉黍螺。英文名 periwinkle。壳小圆锥形、卵圆或陀螺形，壳面平滑或具雕刻，壳口卵圆形，外唇薄，内唇厚，厣角质。其中，短滨螺 *Littorina brevicula*（Phiippi），栖于干燥的岩岸高潮带，壳高不及 2 厘米，螺层 6 级，每螺层具 4 ~ 5 条环肋。因外套膜布满血管，替代鳃的功能，故可暴露于空气中，有时可爬越浪激带以上三四米的地方，但在寒冬仍要返回海中。

玉　螺

玉贝

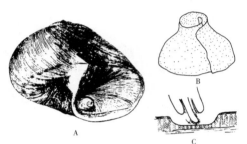

A.壳；B.卵袋；C.齿舌锉蛤（示意图）

图2-10　扁玉螺
（仿齐钟彦等）

唐·白居易《骠国乐》新乐府诗："玉螺一吹椎髻耸，铜鼓千击义身踊。珠缨炫转星宿摇，花鬘斗薮龙蛇动。"写贞元十七年（801年），缅甸北部掸邦的骠国乐舞到唐长安演奏，深得诗人赞赏。诗句中的玉螺，是吹奏用的海螺之美称，恐非指今之玉螺。

在贝类学中，玉螺为软体动物门，腹足纲，中腹足目，玉螺科的统称。日借用汉字名玉贝。英文名 moon shell。在我国已报道 70 余种。

其中，斑玉螺 *Natica tigrina*（Roeding），前用学名 *N. maculosa* Reeve，壳外凸呈球形，壳面具紫褐色的色斑，壳盖（厣）石灰质，分布于潮间带至浅海。扁玉螺 *Neverita didyma*（Roeding），亦为我国南北沿海习见，于 8 ~ 9 月份产卵，卵和细沙黏成围领状。均是养殖场（蛤埕）菲律宾蛤仔的敌害。

宝　贝

蚆　海𧵽　贝子　砑螺　紫贝　贼　蝛　魧　蜬　玄贝　余貾　余泉　蜠　螖

蚅　海介虫　宝螺

　　宝贝，省称蚆（bā），亦称海𧵽、贝子等。

　　《尔雅·释鱼》："贝，居陆𧵽，在水者蝛。大者魧，小者蜬。玄贝，贻贝。余貾，黄白文。余泉，白黄文。蚆，博而颏。蜠，大而险。螖，小而𥝫。"郭璞注；"此，皆说贝之形容。"郝懿行疏："蚆者，云南人呼贝为海𧵽。"

　　《汉书·食货志下》："秦并天下……而珠玉贝银锡之属为器饰宝藏，不为币，然各随时而轻重无常。"

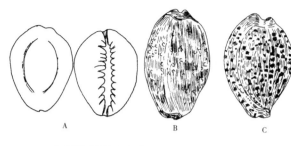

A.环纹货贝（左背面观 右腹面观）；
B.阿文绶贝；C.虎斑宝贝

图2-11 宝贝
（仿张玺等）

唐·欧阳询《艺文类聚》卷八十四引汉·朱仲《相贝经》："贝盈尺，状如赤电黑云，谓之紫贝。素质红黑，谓之朱贝。青地绿文，谓之绶贝。黑文黄盖，谓之霞贝……浮贝使人寡欲，无以近妇人，黑白各半是也。濯贝使人善惊，无以亲童子，黄唇点齿有赤駮是也。虽贝使病疟，黑鼻无皮是也。鼢贝使胎消，无以示孕妇，赤带通脊是也。慧贝使人善忘，勿以近人，赤炽内壳赤络是也。蔷贝使童子愚，女人淫，有青唇赤鼻是也。碧贝使童子盗，脊上有缕，句唇是也，雨则重，霁则轻。委贝使人志强，夜行昼伏，迷鬼狼豹百兽，赤中圆是也，雨则轻，霁则重。"均依贝之色泽、形态和应用，分为紫贝等12种，但所述欠详其功用亦多讹传。唐·刘恂《岭表录异》卷下："紫贝即砑螺也。儋振夷黎海畔，采以为货。"据载，唐朝置崖洲及儋振二郡。

宋·罗愿《尔雅翼·释鱼四》记："贝，古者货贝而宝龟……至王莽反汉，犹以贝四寸八分以上至十二分为五品，故有大贝、牡贝、幺贝、小贝之名。"亦皆指货贝。古籍中称贝为宝贝。先秦宝贝为币，明代云南边陲仍沿用。至秦虽"废贝为钱"，但仍属珠宝之列，故得名宝贝。汉唐时，宝贝依大小分类。

明·李时珍《本草纲目·介二·贝子》集解引梁·陶弘景《名医别录》、唐·李珣《海药本草》、宋·苏颂《图经本草》等医书，皆记贝子入药。清·尤侗《暹罗竹枝词》云："海𧵋买卖解香烧。"原注"行钱用𧵋，然则与皆蚆之别体矣。"

《山海经》记文贝和唐·欧阳询《艺文类聚》卷八十四引《南州异物志》："交阯北，南海中，有大文贝。质白而文紫，天姿自然，不假雕琢磨莹，而光色焕烂。"所记，皆似今之虎斑宝贝。

明·屠本畯《闽中海错疏》卷下："紫背，紫色有斑点，俗谓之砑螺。"明·李时珍《本草纲目·介二·紫贝》释名颂曰："书家用以砑物，故名曰砑螺也。"

今，宝贝为软体动物门，前鳃亚纲，中腹足目，宝贝科的统称。台湾名宝螺。英文名 cowry。壳卵圆，螺旋部埋于体螺层中，壳口狭长，壳面平滑富瓷光。国内已报道宝贝科16属70余种。其中，以货贝 *Monetaria moneta*（Linnaeus）、环文货贝 *M. annulus*（Linnaeus）、阿文绶贝 *Mauritia arabic*（Linnaeus）、虎斑宝贝 *Cypraea tigris* Linnaeus 最为习见，是人们喜爱的装饰或收藏品。

梭 螺

梭尾　海兔螺　梭贝

图2-12　梭螺
（仿齐钟彦等）

明·屠本畯《闽中海错疏》卷下记："梭尾，壳细而长，文如雕镂，味佳。"似指梭螺或下文之法螺。

今，梭螺为软体动物门，腹足纲，中腹足目，梭螺科的统称。台湾名海兔螺。日借用汉字名梭贝。其中，钝梭螺 *Volva volva*（Linnaeus），前后水管沟细长半管状，中部体螺层膨大卵圆形。壳面淡肉色或带粉色、有光泽、具细弱的螺纹。

法 螺

梭尾螺　屈突通　梵贝　法螺贝　海哮罗　大鸣门法螺　藤津贝

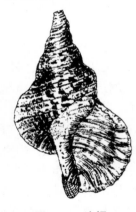

图2-13　法螺
（仿张玺等）

亦作法蠃，亦称梭尾螺、屈突通、梵贝。

三国吴时为吹器，系藏传佛教常用之法器，即在贝的顶部装上笛子而成。明·李时珍《本草纲目·介二·海蠃》集解颂曰："〈南州异物志〉云……梭尾螺形如梭，今释子所吹者。"《法华经·序品》："吹大法螺，击大法鼓。"唐·王勃《惠寺碑》："鸣法螺而再唱。"《格致镜原·水族类·螺》引《事物原始》："僧家用海螺，以供法器。亦曰南海中所产也。"法螺又名屈突通，宋·毛胜《水族加恩簿》："令屈突通，振声远闻，可知佛乐。"宋·梅尧臣《和刘原甫试墨》："道傍牛喘复谁问，佛寺吹螺空唱号。"

民国·徐珂《清稗类钞 动物类》呼："法螺，我国古时军队用以示进退者，今释道斋醮多用之。本系软体动物，产于海中。壳为螺旋状，上部延长，形略似梭，故又称梭尾螺。色黄白，有炎紫斑纹。肉可食。大者于螺头穿孔吹之，发声甚响而远，俗谓之海哮罗。"

法螺 *Charonia tritonia*（Linné），为僧家佛事之用，又名梵贝。隶属软体动物门，前鳃亚纲，中腹足目，嵌线螺科，法螺属。日借用汉字名法螺贝、大鸣门法螺或藤津贝。英文名 triton。壳大呈长锥形或喇叭状。壳面黄褐色，内唇外部加厚且外翻。为暖水种，喜栖于深10米海藻茂盛的珊瑚礁处。壳顶穿孔后，吹之声响而远，作军队号角、宗教法器或渔民吹以呼应。

轮 螺

车螺　车轮螺　车贝

图2-14 轮螺
（仿张玺等）

明·李时珍《本草纲目·介二·石蛇》集解颂曰："石蛇……又似车螺。"古籍中所称之车螺，很可能指今之轮螺。

轮螺为软体动物门，前鳃亚纲，中腹足目，轮螺科的统称。我国台湾称车轮螺科。日借用汉字名车贝。壳低矮多呈圆盘状，脐大而深，边缘具锯齿状缺刻。习见的大轮螺

Architectonica maxima（Philippi），每一螺层之上下部均有明显的环肋，肋上有不连续的紫色花纹，酷似车轮状。分布于台湾、广东、海南的低潮线泥或泥沙质海底。可供观赏或作收藏品。

蛇 螺

石蛇　蛇贝

图2-15 蛇螺
（仿张玺等）

明·李时珍《本草纲目·介二·石蛇》集解颂曰："石蛇，出海南水旁山石间，其形盘曲如蛇。无首尾，内空，红紫色，以左盘者良。又似车螺。不知何物所化。大抵与石蟹同类，功用亦相近。"寇宗奭曰："石蛇，色如古墙上土，盘结如查梨大，空中，两头巨细一等。不与石蟹同类。蟹则真蟹所化，蛇非真蛇，今人用之绝少。"此从形态到分布，所记均似今之蛇螺。

今，蛇螺为软体动物门，前鳃亚纲，中腹足目，蛇螺科之统称。英文名 worm snail。日借用汉字名蛇贝。壳平滑且光亮，不规则长管状，或水平蜷曲，附着于硬物上如蛇卧。厣角质。暖海产。在我国已记 3 属 8 种。其中水平卧的覆瓦小蛇螺 *Serpulorbis imbricata*（Dunker），习见于浙江嵊山以南沿海。

红 螺

红嬴 菠螺

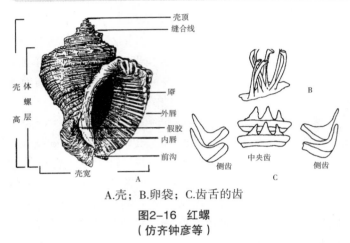

A.壳；B.卵袋；C.齿舌的齿

图2-16 红螺
（仿齐钟彦等）

唐·刘恂《岭表录异》卷下："红螺，大小亦类鹦鹉螺，壳薄而红。亦堪为酒器。刳小螺为足，缀以胶漆，尤可佳尚。"按，所记"壳薄而红"，似与今之红螺有别。唐·陆龟蒙《袭美醉中寄一壶并一绝走笔次韵奉酬》："酒痕衣上杂莓苔，犹忆红螺一两杯。"后蜀·李珣《南乡子》词："倾绿蚁，泛红嬴，闲邀女伴簇笙歌。"

宋·罗愿《尔雅翼·释鱼四》记："今，闽海中有红螺，微红色，亦可为杯。"明·屠本畯《闽中海错疏》卷下曰："红螺，肉可为酱。"

红螺，为软体动物门，前鳃亚纲，新腹足目，骨螺科，红螺属的统称。在我国报道3种。红螺 *Rapana bezoar*（Linnaeus），高11厘米，宽9厘米，壳坚厚，表面生有肋纹及棘突，体螺层极膨大具三条粗壮之螺肋，螺旋部为壳高的1/5～1/4、具塔形肩角，壳口外唇具鳞状褶襞，壳口橘红色椭圆形，厣角质，见于我国东南和南海。脉红螺 *R. venosa*（Valenciennes），习见于我国黄渤海和东海，壳口无缺刻状的后沟，外唇上部亦不加厚，产量较大。均危害贝类养殖业，肉可食，多用以制成工艺品，壳可制成捕章鱼的菠螺网，故别名菠螺。

荔枝螺

蓼嬴 蓼螺 辣螺 岩螺 虎螺*

蓼（liǎo）嬴行用于唐代医书，宋明典籍亦有记载。明·李时珍《本草纲目·介二·蓼嬴》集解藏器曰："蓼嬴，生永嘉海中，味辛辣如蓼。"宋·傅肱《蟹谱》："海中有小螺，以其味辛，谓之辣螺，可食。至二三月间多化为彭蜞。"按，辣

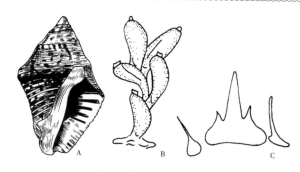

A.壳；B.卵袋；C.齿舌的齿

图2-17 蛎敌荔枝螺
（仿张玺等）

螺死后，其壳为寄居蟹居住，古时称寄居蟹为小蟹，故误为"化为（蜎）螖"。明·屠本畯《闽中海错疏》卷下："蓼螺，大如姆指，有刺，味辛如蓼。"因该螺被煮食时具辛辣味，故曰蓼螺或辣螺，青岛水产品名辣波螺。蜎螖见寄居蟹文。

荔枝螺，为软体动物门，前鳃亚纲，新腹足目，荔枝螺属的统称。台湾名岩螺。英文名 rock shell。壳体螺层呈陀螺形，一般高30毫米、宽20毫米，壳面具结节或短棘突，前沟短。齿舌狭，侧齿仅具一尖齿。分布于岩岸潮间带中、下部。食其他贝类和藤壶，是贝类养殖的敌害。有棘突者可能指今之黄口荔枝螺 *Thais luteostoma*（Holten）。现知，在我国荔枝螺有16种之多，其中以疣荔枝螺 *T. clavigera* Kuster 分布较广，以蛎敌荔枝螺 *T. gradana* Jonas 对浙江以南的牡蛎危害甚巨，有虎螺之称。壳可入药，性味咸、平，以软坚散结，主治颈淋巴结结核、甲状腺肿大。

香 螺

甲香*

图2-18 香螺
（仿齐钟彦等）

明·屠本畯《闽中海错疏》卷下记："香螺，大如瓯，长数寸……〈本草谓〉之甲香。"明·李时珍《本草纲目·介二·海蠃》集解颂曰："梅螺即流螺，厣曰甲香，生南海。今岭外闽中近海州郡及明州皆有之……《南州异物志》云：甲香大者如瓯，而前一边直挼长数寸，围壳岨峿有刺，其厣杂众香烧之益芳，独烧则臭。"

香螺 *Neptunea cumingii* Crosse，壳近菱形，壳质坚厚，壳表具黄褐色或色外皮，体螺层中部膨大具螺肋和结节突起。黄渤海特有种，栖于潮下带沙质海底。为食用贝类。隶属于软体动物门，腹足纲，前鳃亚纲，新腹足目，蛾螺科。

本草谓之甲香，或厣曰甲香，有歧义。厣曰甲香之梅螺即流螺，产地记为闽中或南海。故非黄渤海特产之香螺。又按《南州异物志》所记之形制，可能系骨螺科前沟长的多棘刺者。

东风螺

黄螺　旺螺　花螺　凤螺　风螺　海猪螺　南风螺

图2-19　方斑东风螺
（仿齐钟彦等）

南朝梁·元帝《采莲赋》："绿房兮翠盖，素实兮黄螺。"唐·王勃《采莲赋》："低绿干，水溅黄螺。"明·屠本畯《闽中海错疏》卷下记："黄螺，壳硬色黄，味美，其黑而微刺者尤佳。"又"花螺，圆而扁，壳有斑纹。味胜黄螺。"《晋江县志》："黄螺，俗呼旺螺。"按，古记黄螺、花螺，似为两种。

今，黄螺、花螺为一类，为软体动物门腹足纲，前鳃亚纲，新腹足目，蛾螺科，东风螺属的统称。其中，方斑东风螺 *Babylonia areolata*（Link）和波部东风螺 *Babylonia formosae habei* Altena *et* Gittenber，肉质鲜美、酥脆爽口，畅销国内外，产于闽江口、连江一带者最佳，俗称黄螺又名凤螺、风螺等。广东俗称花螺、东风螺、海猪螺和南风螺。已开展育苗养殖。

织纹螺

海丝螺　海螺狮　麦螺　白螺　割香螺　小黄螺　甲锥螺　海锥儿　余赋蚲

图2-20　织纹螺
（仿齐钟彦等）

织纹螺，俗称海丝螺、海螺狮、麦螺、白螺、割香螺、小黄螺、甲锥螺。辽宁庄河俗称海锥儿。日用汉字名余赋蚲。英文名 whelk。

织纹螺栖于近海礁石附近和泥沙底，盛产于广东、浙江、福建沿海。螺细长约为 1 厘米，宽约 0.5 厘米。福建莆田人有吃螺过节的习俗，炒熟者易吸吮，肉质嫩滑，略带筋道，丝丝鲜香，是下酒的好菜。

近期每年夏季，不少地方都发生因食织纹螺中毒死亡的的事件。其致命的毒性是因织纹螺摄食能分泌毒素的裸甲藻等，且富集成麻痹性等贝毒的结果。目前，尚无特效药物用以治疗。国家有关部门已明令禁止销售织纹螺。

瓜 螺

油螺 斑点椰子螺 木瓜螺 涡螺

图2-21 瓜螺
（仿齐钟彦等）

明·屠本畯《闽中海错疏》卷下徐燉补疏："油螺，形如花螺，壳柔。盐之味美。产兴化。"，所记似今之瓜螺。

瓜螺 Melo melo（Lightfoot），壳近球形，状如木瓜。表面光滑，壳表有黑褐色斑点，螺旋部（螺塔）小、几乎完全凹入体螺层内，壳口宽广，内唇具发达的轴襞，外唇薄，壳口平滑橘黄色，具大块红褐色斑，无壳盖（厣）。又名斑点椰子螺、木瓜螺、涡螺。分布于我国南海，栖水深50米。肉食性贝类，喜食其他贝类及其他底栖动物。瓜螺隶属于软体动物门，腹足纲，前鳃亚纲，新腹足目，涡螺科。

泥 螺

土铁 麦螺 梅螺 吐铁 沙屑 沙衣 土铫 泥蛳 泥糍 麦螺蛤 黄泥螺 泥蚂 泥板

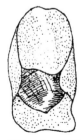

图2-22 泥螺
（仿张玺等）

明·屠本畯《闽中海错疏》卷下曰："泥螺，一名土铁，一名麦螺，一名梅螺。壳似螺而薄。肉如蜗牛而短，多涎有膏。按，泥螺产四明、鄞县、南田者为第一。春三月初生，极细如米，壳软味美。至四月初旬稍大。至五月内大，脂膏满腹。以梅雨中取者为梅螺，可久藏。酒浸一两宿，膏溢壳外莹若水晶。秋月取者肉硬膏少，味不及春。闽中者肉磊魂，无脂膏，不中食。"明·李时珍《本草纲目·介二·蓼螺》："今，宁波出泥螺，状如蚕豆，可代充海错。"

《古今图书集成·禽虫典·螺部》引明·张如兰《吐铁歌》："土非土，铁非铁。肥如泽，鲜如屑。乍来产自宁波城，看时却是嘉鱼穴。盘中个个玛瑙乌，席前一一丹丘血。见者尝，饮者捏。举杯喫饭两相宜，腥腥不惜广长舌。"引《余姚县志》："吐铁，状类蜗而壳薄。吐舌衔沙，沙黑如铁，至桃花时铁始尽吐，乃佳，醢食之。"又引《三才图会》："吐铁，一名沙屑，一名沙衣。壳薄而绿色，有尾而白色。味佳。出四明者为上。"

　　明·屠本畯《闽中海错疏》卷下列"泥螺"和"土铫"为两物，"土铫，一名沙屑，壳薄而绿色，有尾而白色。味佳"。故，"沙屑"或"沙衣"是否指泥螺，应再研讨。又，明万历《温州府志》："吐铁一名泥螺，俗名泥蛳，岁时衔以沙，沙黑似铁至桃花时铁始吐尽。"《晋江县志》："麦螺，浙东谓之吐铁。"

　　泥螺在温州因其生于泥涂名泥糍，闽南因其盛产于麦熟季节称麦螺蛤，江浙沪因其壳黄色、加工腌渍的卤液亦呈黄色或淡黄色而得名黄泥螺。

　　泥螺，学名 *Bullacta exarata*（Philippi），隶属于软体动物门腹足纲，后鳃亚纲，头楯目，阿地螺科，泥螺属。体长 40 毫米左右，长方形拖鞋状，壳褐黄色，卵圆薄脆。其壳皮黄褐色似铁锈或如《余姚县志》载得名吐铁。栖于中低潮区至浅海泥滩上，东海特多，浙江沿海居民视其为海味珍品。在胶州湾畔称为泥蚂、泥板。当地人，用水一焯去壳而食。有补肝肾、润肺、明目、生津之功效。

蓝斑背肛海兔

海粉*　绿菜*　海珠　海粉虫　海猪仔　海珠母　海粉丝*　海挂面*　海蛞蝓
雨虎

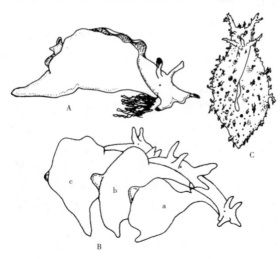

A.侧面观（产卵块）；B.交配（a只任雌性；b兼任雌雄性；c只任雄性）；C.蓝斑背肛海兔

图2-23　海兔
（仿齐钟彦等）

　　《古今图书集成·禽虫典·杂海错部》引《闽书》："海粉，状如绿毛，无介纯肉。背有小孔，海粉出焉。晴明收之则色绿，阴雨收之则色黄。"明·屠本畯《闽中海错疏·附录》："海粉，出广南，亦名绿菜。"

　　清·李调元《南越笔记》卷十二："海珠，状如蛞蝓，大如臂，所茹海菜，于海滨浅水吐丝，是为海粉。鲜时或红或绿，随海菜之色而成。晾晒不得法则黄，有五色者，可治痰。或曰此物名海珠母，如墨鱼，大三四寸，海人冬养于家，春种之。濒湖田中遍插竹枝，其母上竹枝吐出，是为海粉，乘湿舒展之，始不成结。以点羹汤佳。"此说明，明清时期已养殖海兔。

清·李元《蠕范》卷三曰："海粉虫，如蛞蝓，大如臂。食海菜，食红则红，食绿则绿。土人取其粪为粉。""取其粪为粉"是取其生殖产物。

上记，为蓝斑背肛海兔 *Notarchus leachii cirrosus* Stimpson 或其产物。蓝斑背肛海兔体长 90～120 毫米，头部无头盘，具触角两对，后对触角粗大呈耳状，足宽大平滑、前端呈截状、两侧扩张、末端呈短尾状，壳退化为内壳，体黄褐或青绿红色，背面和边缘具数个青绿或蓝色的眼状斑。隶属于软体动物门，腹足纲，后鳃亚纲，无楯目，海兔科。

海兔食海藻或沉积物时，头部向下，以宽短的前对触角探寻，而以粗长的后对触角竖直（起嗅觉作用），极似兔耳，故名。英文名 sea hare。又因静卧时似小猪，故又名海猪仔。俗称海蛞蝓，英文名 sea slug。日本人称其为雨虎。春季是海兔繁殖季节，雌雄同体的海兔进行异体受精。一般常三五个到十几个联成一串进行交尾，以最前的一个充当雌性，最后的一个作为雄性，中间者则对其前的充当雄性，对其后的充当雌性。交尾时间持续较长，产卵在交尾过程或分开几小时后，卵均包被于条状的胶质丝中，即所称的海粉丝（海挂面）。营养丰富，可消炎清热。治眼疾，还可制成清饮料，畅销东南亚一带。

今，海兔科的物种统称海兔。古籍虽未有所记，但有海粉的记载。

海 牛

清·赵学敏《本草纲目拾遗》引《本草原始》："海牛，生东海，海蠃之属。头有角如牛，故名。其角硬，尖锐有纹。身苍色，有背纹。腹黄白色，有筋。顶花点。鱼尾。今房术中多用之。"又"气味咸，温无毒。主治益肾，固精兴阳。"

此记似肉食拟海牛 *Philinopsis gigliolii*（Tapparone-Carefri），体椭圆，头部肥厚、具窄而游离的侧缘，背楯为一横沟分为前后两部分，后楯两叶呈鱼尾状，具内壳，具右鳃。习见于我国沿海岩岸、海藻间。喜吞食贝类，是贝类养殖的敌害。

今，海牛为软体动物门，腹足纲，后鳃亚纲，裸鳃目和头楯目以词尾为海牛物种的统称。英文名 sea cow。

又，在软体动物裸鳃目和头楯目动物，出现片鳃、海

图2-24 拟海牛
（仿张玺等）

神鳃等以器官取名的中译名者，似不足取。

蛤

蚕　蜃　蜄　三螉　蒲卢　海蛤　筯　蒯　璅蛣　琐珸　璅珸　方诸　阴燧

图2-25 蜃图
（仿《古今图书集成》）

先秦见蛤名。《礼记·月令》："（季秋之月）爵入大水为蛤。"《大戴礼记·夏小正》："九月，雀入于海为蛤。"爵古同雀，下文"所比"或"所化"，皆谓由其他生物变来，即所谓生生说。

汉代，蛤蚕蜃不分，或蜃为海生之大蛤。《说文·虫部》："蜃，大蛤。"又"蚕，蜃属。有三，皆生于海。厉，千岁雀所比，秦人谓之牡厉。海蛤者，百岁燕所比也。魁蛤，一名复案，老服翼所比也。"即蜃包括今之牡蛎、海蛤和蚶。《尔雅》曰："蝙蝠，服翼。"

《说文》记蠵、蜃、蚕、蠃、蛎、蚌、蜗、蝓。段玉裁注："自蠵至蝓，八隶为一类，皆介虫也。其外有壳。"蚕，即蛤。蠵、蜃、蠃、蛎、蚌等，为蛤或为蚌属。吴·沈莹《临海水土异物志》曰："三螉，似蛤。"三螉似何蛤，待考。

蜃亦称蜄、蒲卢。《礼记·月令》："孟冬之月……雉入大水为蜃。"《玉篇》："蜄，大蛤也，亦作蜃。"《大戴礼记·夏小正》："十月，雉入于淮为蜃。蜃，蒲卢也。"蜃有海市蜃楼或蜃气化楼之说，《埤雅·释蜃》："史记曰，海旁蜃气成楼台。"按，蜃景为光线进入不同密度界面，折射成之海上幻景。又《埤雅·广要》曰："蛇化为蜃。"宋·叶适《灵岩》诗："歌声妙欸乃，俎品穷蛤蜃。"宋·张颖《形盐赋》："厥贡惟错，将蛤蜃以俱来。充君之庖，与昌歜而俱入。"今，蜃名为蚌、蛤代之。

又，蛤常通称为海蛤。宋·沈括《梦溪笔谈》："蛤之属，其类至多。房之坚久莹洁者皆可用，不适指一物，故通谓之海蛤耳。"明代，指海蛤为风涛所洗之蛤壳，明·屠本畯《闽中海错疏》卷下徐燉补疏："海蛤，其壳久为风涛所洗，自然圆净。"《晋江县志》："蛤，壳有斑文。一名花蛤，又名文蛤。"

再，筯（zhù）即蛤。南朝梁·任昉《述异记》卷下："南海有水虫名曰筯，蛤蚌之类也。其小蟹大如榆荚，筋开甲食，则蟹亦出食，筋合甲，蟹亦还，为筋取食以终始，生死不相离。"唐·段公路《北户录·红蟹壳》："〈博物志〉曰，南海有水虫，名曰蒯，蚌蛤之类也。其中小蟹大如榆荚，蒯开甲食，则蟹亦出食。蒯合，蟹亦还入，始终生死不相离也。"按，古记之筋或蒯，为"蛤蚌之类"，故所之界定广于蛤。文中所记"蟹为筋取食"，系误察，"蟹"乃共生于"筋"（蛤）中之豆蟹。又，古籍之璞蛣、琐珆或璞珆，指贻贝、江珧、珠母贝、扇贝、牡蛎、砗磲、蛤蜊等双壳类海蛤，因其外套腔里共生有豆蟹之故。璞通琐，字书无珆，或录书之笔误。此见蟹奴、豆蟹文。

还有，西汉《淮南子》记："方诸见月则津而为水。"注："方诸，大蛤也，又名阴燧。"清·厉荃《事物异名录》按："蛤类不一，有海蛤无文，文蛤又名花蛤，又海镜亦名方诸。"

古代指圆而可合之"虫"为蛤，非圆而长者为蚌。迄今，蛤名多为软体动物门双壳纲中海生物种的统称。英文名 clam。我国已计海蛤千余种。

宋·周必大诗："东海沙田种蛤珧，南烹苦酒濯琼瑶。"亦说明养殖蛤的历史久远。

蚌

蜄　蜃　含浆　蛒　蠃　鲒　蜯　马刀　马蛤　齐蛤　蟷　单姥　炳岸　蚪　蛑　鲜蜕　蠵　蜕

寓言"鹬蚌相争，渔翁得利"。《战国策·燕策二》："赵且伐燕，苏代为燕王谓惠王曰：川蚌方出曝（暴），而鹬啄其肉，蚌合而箝（《太平御览》九百四十一作挟）其喙。鹬曰：'今日不雨，明日不雨，即有蚌脯（死蚌）。'蚌亦谓鹬曰：'今日不出，明日不出，必有死鹬。'两者不肯相舍，渔者得而并擒之。"比喻两相争持，第三者得利。

《尚书·禹贡》曰："淮夷蠙蛛暨鱼。"孔颖达疏："蠙是蚌之别名，此蚌出珠，遂以蠙为蛛名。"《尔雅·释鱼》："蚌，含浆。"郭璞注："蚌，即蜃也。"邢昺疏："谓老产珠者也。一名蚌，一名含浆。"又"蛒，蠃。"郭璞注："今江东呼蚌长而狭者为蠃。"

《易·说卦》："离，为蚌。"又另记"离……为蠃。刚在外也。"故古人可能指蚌、蠃中之寄居蟹为离。见寄居蟹文。

《说文》记蠊、蜃、盒、蠃、蛎、蚌、蜗、蝓。盒即蛤，蠊、蜃、盒、蠃、蛎、蚌等，为蛤或为蚌属。尚记："鲒（jié），蚌也。"见贝、螺、蛤文。

蟒同蚌。《文选·张衡〈南都赋〉》："巨蟒函珠。"善曰："蚌与蟒同，函与含同。"此体现已不行用。

古代亦称海中产珠者为珠蚌，或形长者为蚌。此见晋·郭璞《蚌赞》："万物变蜕，其理无方。雀雉之化，含珠怀珰。与月盈亏，协气晦望。"《淮南子》曰："明月之珠，螺蚌之病，而我之利也。虎爪象牙，禽兽之利，而我之害也。"《渊鉴类函·鳞介部·蚌一》引徐充《南方记》："蛛蚌，壳长三寸，在涨海中。"明·李时珍《本草纲目·介二·蚌》释名时珍曰："蚌与蛤同类而异形，长者通曰蚌，圆者通曰蛤。故蚌从丰，蛤从合，皆象形也。"明清时，非圆形之马刀、蛏、江瑶等海生者皆隶于蚌类。《晋江县志》："蚌，壳厚圆长。老者能含珠。"

又，称大蚌为马刀。梁·陶弘景《神农本草经·下经·马刀》："破石淋，杀禽兽贼鼠。"《名医别录·下品·马刀》："一名马蛤。"明·李时珍《本草纲目·介·马刀》释名："马蛤、齐蛤、蛏、蠦、蟶、单姥、烛岸。"时珍曰："俗称大为马，其形像刀，故名。蛤曰蠦皆蚌之音转也，古今方言不同也。江汉人呼为单姥，汴人呼为烛岸，吴普本草言马刀即齐蛤。"烛岸可能为矛蚌属 *Lanceoria* 的物种。古墓葬中常见其制成的刀具。

同蚌的古字，见《说文长笺·虫部》："蛘，蚌同。"［直音］："蛘，同蚌。"《说文通训定声》："蚌，字亦作蜌蛖。"《同文铎》："蜌，同蚌。"《集韵·上讲》："蚌，《说文》，蜃属或作蛖。"蜌、蛖音 máng。

民国·徐珂《清稗类钞 动物类》谓："蚌为软体动物，壳两片，为长椭圆形，色紫黑，大者长八九寸，肉体扁厚，以鳃呼吸。运动时，有舌形之足出于壳外。质硬，能掘土。产于淡水。内面平滑，有真珠层，能产珍珠。又可用人工作球形、卵形及人形之铅模，纳入其外套膜与介壳间，使历久装成珠质，而得异形之珠。壳之佳者，可碾薄，嵌于窗櫺，俗称为明瓦。又研之为粉，曰蚌粉，可入药。"

当今，蚌虽多指淡水的帆蚌、丽蚌、无齿蚌、冠蚌等。在我国已报道15属140余种。参见贝、蛤、蜃等文。

蚶

魁陆　魁蛤　复累　瓦屋子　蚶子头　空慈子　瓦垅子　天脔炙*　密丁*　伏老　瓦屋　瓦垄　魁陆子　瓦楞子　乌头　蚳　蚳蛤　下来蚳　乌投　蚶　淡然子　棱蛤　蝛　鬼蛤

《尔雅·释鱼》："魁陆。"郭璞注："本草云，魁状如海蛤，圆而厚，外有理纵横，即今之蚶也。"《说文·虫部》："魁蛤，一名复累，老服翼所匕也。"

服翼或下记之伏翼，即蝙蝠。

其后，唐·刘恂《岭表录异》卷下："瓦屋子，盖蚶蛤之类也。南中旧呼为蚶子头（一作空慈子），顷因卢尚书钧作镇，遂改为瓦屋子（又为瓦垅子），以其壳上有棱如瓦垅，故名焉。壳中有肉，紫色而满腹，广人尤重之，多烧以荐酒，俗呼为天脔灸（亦谓之密丁）。喫多即壅气，背膊烦疼，未测其本性也。"《说文》："老伏翼化为魁蛤，故名伏老。"

明·李时珍《本草纲目·介二·魁蛤》 释名 时珍曰："蚶，味甘，故从甘……尚书卢钧以其壳似瓦屋之垄，改为瓦屋、瓦垄也。"明·刘文泰《本草品汇精要·虫鱼部·魁蛤》："魁陆子，瓦屋子。"明·陈家谟《本草蒙筌·虫鱼部·瓦楞子》："生海水中，即蚶子壳。状类瓦屋，故名瓦垄。"

又乌头、蜮、蜮蛤、下来蜮、乌投。三国吴·沈莹《临海水土异物志》："又有乌头而似蚶者，一名云蜮。""蜮蛤，有似乌头。""下来蜮，虽似乌头，各自有种。"按，所记欠详，故难知何种。明·屠本畯《闽中海错疏》卷下曰："味甘似乌而壳坚，中无毛。"乌投音近乌头，又壳坚非乌蜒，故置蚶条下。

还有，鲄（hān），同蚶。《集韵》："鲄，蛤也，或从虫。"宋·毛胜《水族加恩簿》："令殊形中尉兼灵甘伊淡然子，体虽诡异用实芳鲜，可天味大将军远胜王。"《山堂肆考》："棱蛤，曰蚶。"《集韵》："蚫，蠃之小者，或作蚶。"

古籍记丝蚶，明·屠本畯《闽中海错疏》卷下曰："丝蚶，壳上有文如丝，色微黑，比珠蚶稍大，产长乐县。"又，《晋江县志》："蚶，《尔雅》谓之魁陆。壳中有肉，紫色而满腹，以其味甘，故从甘。《海物志》名天脔。壳如屋瓦，《本草》名瓦垄子。又有略小而棱细者，名丝蚶。又小而黑，无棱，名乌棱蚶。"

今习见的联球蚶 *Potiarca pilula*（Reeve）、橄榄蚶 *Estellarca olivacea*（Reeve）、褐蚶 *Didimarca tenebrica*（Reeve）等，古今名之流变待考。

蚶肉可食。壳可入药，具消血块和化痰积的功效。《临海水土异物志》载蚶有"益血色"之功效，清《食疗本草》记蚶："润五脏，治消渴，开关节。"唐·肖炳撰《四声本草》："温中消食，起阳。"《医林纂要》也说："补心血，散淤血，除烦醒酒，破结消痰。"

今，蚶为软体动物门，双壳纲，翼形亚纲，列齿目，蚶科的统称。台湾称魁蛤科。日借用汉字名鬼蛤。英文名 ark shell。壳坚厚，具带毛的角质层，无珍珠层，铰合部长或略呈弧形、铰合齿排成直线。具足丝者附于岩礁，无足丝者栖于软泥或沙滩。其中，泥蚶、毛蚶、魁蚶是重要的养殖对象。已报道我国蚶科 15 属 57 种。三国吴时已养殖蚶。此见泥蚶、毛蚶等文。

泥 蚶

宁蚶　奉蚶　血蚶　花蚶　粒蚶

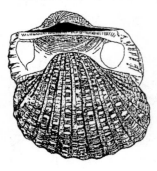

图2-26　泥蚶
（仿张玺等）

《格致镜原·水族类·蚶》引三国吴·沈莹《临海水土异物志》曰："蚶之大者，径四寸，肉味佳。今浙东以近，海田种之，谓之蚶田。"今人考证，浙东西二道，始置于唐肃宗以后，故"今浙东"句恐非沈《志》原文。明·屠本畯《闽中海错疏》卷下记："四明蚶有二种。一种，人家水田中种而生者。一种，海涂中不种而生者，曰野蚶。"如上所析，海田种蚶，或始于三国吴，但最迟不晚于明。民国·徐珂《清稗类钞 动物类》："蚶田，饲蚶于近海之田，待其长大以收利者也。浙东之奉化、福建之莆田皆有之。"

《乐清县志》记："蚶俗称花蚶，邑中石马、蒲岐、朴头一带为多，取蚶苗养于海涂，谓之蚶田。每岁冬杪，四明及闽人多来习蚶苗。"清·陆玉书写蚶田的诗："永嘉江外水连天，一望苍茫不见边。渡过铧锹三十里，谁知苍海变桑田。"清·王步霄《养蚶》诗："瓦垄名争郭赋传，江乡蚶子莫轻捐。团沙质比鱼苗细，孕月胎含露点圆。愿祝鸥凫休浪食，好充珍馐入宾筵。东南美利由来擅，近海生涯当种田。"

"水田中种而生者"为泥蚶。泥蚶，壳卵圆，具放射肋20条左右，且被生长线分成颗粒状。喜栖于有淡水注入的潮间带中低潮区软泥滩。学名 *Tegillarca granosa*（Linnaeus）。以浙江宁波地区或宁波奉化产者最著，故名宁蚶或奉蚶。因泥蚶具血红素得名血蚶。英文名 blood ark、blood cockle。以其形俗称花蚶或粒蚶。

毛 蚶

毛蛤蜊　毛蛤　麻蛤

民国·徐珂《清稗类钞 动物类》记："蚶为蚌属，壳厚而硬，略成三角形，面有纵线突起，如瓦楞，故俗称瓦楞子。外淡褐色，内白色，肉色赤，可食，大者谓之魁蛤。又一种纵线不甚高，外黑褐色，时有茸毛附著者，俗称毛蚶。"

毛蚶，两壳大小不等，右壳稍小，壳膨胀呈卵圆形。壳面被褐色绒毛状表

图2-27 毛蚶
（仿徐凤山）

皮，具放射肋 30 ~ 34 条。壳顶突出且内卷偏前，铰合部平直具齿约 50 枚。壳长 4 ~ 5 厘米。

栖于内湾浅海低潮线下至水深 10 多米的泥砂底中，尤喜淡水流出的河口区。中国、朝鲜和日本沿海。以辽宁、山东和河北省沿海产量最多，产期多在 7 ~ 9 月份。北部湾也有一定数量。性成熟时雌体性腺（紫）红色，雄体黄白色，渤海辽东湾的毛蚶多在 7 月上旬至 8 月上旬产卵。

青岛市售俗称毛蛤蜊、毛蛤、麻蛤。学名 *Scapharca broughtoni*（Schrenk），曾用学名 *Arca inflate* Reeve。属软体动物门，双壳纲，列齿目，蚶科，毛蚶属。

1988 年，甲型肝炎骤然在上海拥挤的人口中爆发，患者近 30 万，36 家医院人满为患。是因吃了不洁的毛蚶引发传播的。

魁 蚶

移角　车螯　冒蛤　魁蛤　蛲　焦边毛蚶　赤贝　血贝　大毛蛤

图2-28 魁蚶
（仿徐凤山）

三国吴·沈莹《临海水土异物志》："移角，似车螯。角移不正，名曰移角。"《台州府志》卷六十二："车螯，一名冒蛤，一名紫蛤。"又，清·黄叔璥《台海使槎录》卷三："土人呼蛎房为蠔，呼车螯为蛲（náo）。"参见双线紫蛤、文蛤文。

魁蚶，具放射肋 42 ~ 48 条，壳面被色壳皮。多栖于水深 3 ~ 50 米的潮下带。以足丝附于泥沙中之石砾或死贝壳上。现已人工养殖。学名 *Scapharca broughtonii*（Schrenk）。属软体动物门，双壳纲，列齿目，蚶科，毛蚶属。又称焦边毛蚶、赤贝、血贝。台湾俗称大毛蛤、车螯。英文名 satow's ark cockle 或 burnt-end ark。

珠蚶

珠蚶，蚶之一种。明·屠本畯《闽中海错疏》卷下记："珠蚶，蚶之极细者，形如莲子而扁。"清·何佩玉有"珠蚶花蛤好加餐"的诗句。

今，福建沿海仍沿用。联珠蚶 *Potiarca pilula*（Reeve），壳长卵圆形，壳面白色，具棕色或黄棕色壳皮和壳毛，具小结节的放射肋 24 ～ 26 条。分布于南海泥沙质潮下带至浅海底。参见蚶文。

图2-29　珠蚶

贻 贝

> 蛦　东海夫人　淡菜　壳菜　海夫人　干*　干肉*　海红　海牝　海蝏　沙婆蛎　沙箭*　乌蜻*　壳菜蛤

图2-30　紫贻贝
（仿张玺等）

《尔雅·释鱼》："贝，居陆贆，在水者蜬。大者魟，小者鲼。玄贝，贻贝。"郭璞注："紫色贝也。"《集韵》："蛦（yí），虫名，黑贝也。"。先秦至宋，贻贝当为一种宝贝。贻贝名何以演绎为双壳之蛦，当再考。

唐代，称东海夫人、淡菜，为蚶蛤之属。唐·陈藏器《本草拾遗》："东海夫人，生东南海中。似珠母，一头尖，中衔少毛。味甘美，南人好食之。"《新唐书·孔戣传》："明州岁贡淡菜、蚶蛤之属。"

把壳菜、淡菜、海夫人释为一物，见明·屠本畯《闽中海错疏》卷下记："壳菜，一名淡菜，一名海夫人。生海石上，以苔为根，壳长而坚硬，紫色。味最珍。生四明者，肉大而肥，闽中者肉瘦。其干者，闽人呼曰幹，四明呼为干肉。"又"海红，形类赤蛤而大。"《山堂肆考》："淡菜，一名壳菜，似马刀而厚，生东海崖上，肉如人牝，故文名海牝。肉大者生珠，内中有毛。肉有红白二种，性温能补五脏，理腰脚，益阳事。"清·郭柏苍《海错百一录》卷三："淡菜，有黄白两种，又名海蝏，福州呼沙婆蛎。"文中"黄白两种"，系性成熟时生殖腺呈现之色，雌者黄，雄者白。《晋江县志》："淡菜，壳小而深绿，俗呼为干。"

明·屠本畯《闽中海错疏》卷下："沙箭，淡菜小者。"又，"乌蜻，似淡菜而极小，中无毛。""沙箭，淡菜小者。"所记欠详待考。

《海错谱》记："石笋，一名石钻。黑绿色，壳薄而小。生于海岩石隙中。"此为一种翡翠贻贝。今石笋、石钻已不为贻贝，用以释为海笋。

民国·徐珂《清稗类钞 动物类》道："淡菜为蚌属，以曝干时不加食盐，故名。壳为三角形，外黑色，内真珠色，长二三寸，足根有丝状茸毛，附着于岩石。产近海，肉红紫色，味佳，博物家以为即《尔雅》之贻贝也。"

今，贻贝为软体动物门，双壳纲，翼形亚纲，贻贝目，贻贝科，贻贝亚科的统称。台湾称壳菜蛤科。英文名 mussel。在我国已记 60 余种。其中，紫贻贝 *Mytilus galloprovincialis* Lamarck，海生，壳楔形，壳面光滑紫色且脆薄，壳顶位于壳最前端，无壳耳，壳背缘不达壳之全长。昔日仅分布于长江以北，为黄渤海的优势种，现南移养殖成功。其肉营养丰富，鲜干食品称淡菜，其壳和足丝均可利用。又因其附着力特强，故是海洋中危害极大的附着生物之一。

古籍中，东南海、明州（浙鄞县以东）、闽中，皆为长江以南之地。从分布看，所指的贻贝应为厚壳贻贝 *M. coruscus* Gould。参见贝、蛤等文。

石　蛏

《古今图书集成·禽虫典·蛏部》引《闽书》："有石蛏，生海底石孔中。长，类蛏。圆尖，上小下大。壳似竹蛏，而更红紫。石孔原小，及蛏生渐大，孔亦随大。海人用小铁錾，凿石取之。出镇海卫。"

图2-31　光石蛏
（仿徐凤山）

今，石蛏为为软体动物门，双壳纲，翼形亚纲，贻贝目，贻贝科，石蛏亚科，石蛏属的统称。英文名 rockboring mussel 壳长圆形，壳顶近前端，铰合部长狭。外皮黑或褐色，此记为短石蛏 *Lithophaga curta* Lischke。浙江沿海习见，暖水性，穴居于石灰岩或牡蛎壳中。我国已报道石蛏 16 种，多栖于珊瑚礁中。

江 珧

江瑶　江鳐　珧　玉蚲　沙瑶*　江珧柱*　马甲柱*　杨妃舌*　玉珧　马颊
马甲　角带子　江殊　玉柱仙君　玉帚贝　大海红　海镶　老婆扇　海蚌
割纸刀

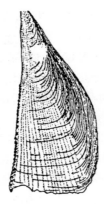

图2-32　栉江珧
（仿张玺等）

《尔雅·释鱼》："小者珧。"郭璞注："珧，玉珧，即小蚌。"三国吴·沈莹《临海水土异物志》："玉蚲，似蚌，长二寸、广五寸，上大下小。其壳中柱，炙之，味似酒。"又"玉珧柱，厥甲美如珧。"宋·陆游《老学庵笔记》卷一："明州江瑶柱有两种，大者江瑶，小者沙瑶。然沙瑶可种，逾年则成江瑶矣。"即沙瑶为江瑶之幼体。

明·屠本畯《闽中海错疏》卷下所记更详："江珧柱，一名马甲柱。按，江珧壳色如淡菜，上锐下平，大者长尺许，肉白而韧。柱圆而脆。沙蛤之美在舌，江珧之美在柱。四明奉化县者佳。"柱乃其闭壳肌，舌为双线紫蛤之足。明·黄一正《事物绀珠》："江珧柱，一名杨妃舌。"明·张自烈《正字通》："《本草》，玉珧，一名马颊、马甲，广州谓之角带子。"清·郭柏苍《海错百一录》卷三："独取其柱，而弃其肉。"诸如本条杨妃舌，及其后的西施舌，有人认为皆为文人美食后的意淫附会。

宋·毛胜《水族加恩簿》："令尔独步王江殊，鼎鼐仙姿，琼瑶绀体，天赋巨美时称绝佳，宜以流碧郡为灵渊国，追号玉柱仙君，称海珍元年。"宋·苏轼《四月十一初食荔枝》诗："似闻江鳐斫玉柱，更洗河豚烹腹腴。"宋·汪元量《湖州歌九十八首》："风雨声中听棹歌，山禽野馔奈愁何。雪花淮白甜如蜜，不减江珧滋味多。"

民国·徐珂《清稗类钞 动物类》称："江珧为蚌属，亦作江瑶，一名玉珧。壳长而薄，为直角三角形，壳顶在其尖端，面有鳞片，排列为放射状。壳内黑色，有闪光，以足根之细丝附著近海之泥沙中。肉不中食，而前后两柱，以美味著称，俗称之为江瑶柱。"

今，江珧为软体动物门，双壳纲，翼形亚纲，贻贝目，江珧科的统称。日借用汉字名玉帚贝。英文名 fan shell。壳大且脆，呈三角形或半扇形，前端尖细，后端宽圆，背缘直，铰合部长，足丝发达。具发达的后闭壳肌，干制品名江珧柱。在我国已报道江珧科江珧3属6种。尤以栉江珧 Atrina（Servatrina）pectinata（Linnaeus）最具养殖价值。在我国北方沿海名大海红、海镶、老婆扇，浙江沿海称海蚌，广东沿海曰割纸刀。

珠母贝

珠蛤　蛛蚌　莺蛤　珍珠*　真珠*　真朱*　真珠贝

图2-33　合浦珠母贝及珍珠饰品（仿张玺等）

《尚书·禹贡》记："淮夷嫔珠。"《战国策·秦策五》"君之府藏珍珠宝石。"南朝梁·江淹《石劫赋》："比文豹而无恤，方珠蛤而自宁。"唐·刘禹锡：《韩十八侍御属和足成六十二韵》："鲛人弄机杼，贝阙骈红紫，珠蛤吐玲珑，文鳐翔旖旎。"唐·李咸用《富贵曲》："珍珠索得龙宫贫，膏腴刮下苍生背。"唐·贾岛《赠圆上人》："一双童子浇红药，百八真珠贯彩绳。"

唐·刘恂《岭表录异》卷上："廉州边海中有洲岛，岛上有大池。每年太守修贡，自监珠户入池，池在海上，疑其底与海通。又池水极深，莫测也。如豌豆大者常珠。如弹丸者亦时有得，径寸照室，不可遇也。又取小蚌肉，贯之以篾，晒干，谓之珠母。容桂人率将烧之，以荐酒也。肉中有细珠如粟，乃知蚌随小大，胎中有珠。"原书案《政和本草》引此条云："廉州边海中有洲岛，岛上有大池，谓之珠池。每岁，刺史亲监珠户入池采老蚌割珠，取以充贡。池虽在海上，而人疑其底与海通，池水乃淡，此不可测也。土人采小蚌肉作脯，食之往往得细珠如米者。乃知此池之蚌随大小，皆有珠矣。"两书详略互异。

至宋，记蚌可育珠。宋·庞元英《文昌杂录》："礼部侍郎谢公，言有一养珠法：以今所做假珠，择光莹圆润者，取稍大蚌蛤以清水浸之，伺口开急以珠投之，频换清水。夜置月中，蚌蛤采玩月华，此经两秋即成真珠矣。"除"夜置月中、采玩月华"玄虚之词外，余终说明"蚌蛤"可育珠。上记为淡水的三角帆蚌 *Hyriopsis cumingii*（Lea）、褶文冠蚌 *Cristaria plicata*（Leach）等。此外，海生的合浦珠母贝 *Pinctada fucata martensi*（Dunker）（曾用名马氏珠母贝）、珠母贝 *P. margaritifera*（Linnaeus）、大珠母贝 *P. maxima*（Jameson）等，亦为手术操作简便、成活率高、产珠质量好的海产育珠的优良物种。

明·宋应星《天工开物》被誉为世界上第一部关于农业和手工业生产的综

掷荐御漩

图2-34 掷荐御漩采珠
（仿《天工开物》）

合性著作，下篇记掷荐御漩的采珠法，即投掷草垫子（荐）防御回漩的波浪以稳住船下水采珠。

珠母贝，为软体动物门，双壳纲，翼形亚纲，珍珠贝目，珍珠贝科，珠母贝属的统称。台湾称莺蛤科。日借用汉字名真珠贝。英文名 pearl oyster。贝壳坚厚近圆形或方形，背缘直，壳顶约位于背缘中部，具前后耳状突起，足丝孔位于右壳前耳下方，

壳内面珍珠层厚具光泽。栖息于暖海低潮线至潮下水深 60 米以内的海底，以足丝附着于岩石或珊瑚礁上。其壳为贝雕的原料，可制成珍珠粉，还可入药。明·李时珍《本草纲目·介二·真珠》"真珠入厥阴肝经，故能安魂定魄，明目治聋。"

梁实秋《雅舍情剪·诗人》："牡蛎肚里的一颗明珠，那本是一块病，经过多久的滋润涵养才能磨练孕育成功……"

上记之珍珠，《海药本草》亦作真珠、真朱。为佛教七宝（七珍）砗磲、玛瑙、水晶、珊瑚、琥珀、珍珠、麝香之一。又象征纯真、完美、尊贵和权威，与璧玉并重。从严格意义上说，珍珠是海产珠母贝和淡水珠蚌分泌形成的，但其他贝类也可产珠，其珠名常冠以贝名，如蚶珠、蛎珠、鲍珠等。参见蚶、牡蛎、鲍等文。

扇 贝

海扇　海蒲扇　海扇蛤　帆立贝　海簸箕　干贝蛤　干贝*

清·周亮工《闽小记》下卷："海中有甲物，形如扇，其文如瓦屋。惟三月三日，潮尽乃出，名曰海扇。"清·郭柏苍《海错百一录》卷三："海扇，即海蒲扇，以壳名，其壳酷似蒲扇。"形圆之海蒲扇，即今之扇贝。海扇之名有歧义，见砗磲文。

图2-35　栉孔扇贝
（仿张玺等）

民国·徐珂《清稗类钞 动物类》说："海扇为海中动物，与牡蛎同类异种，径六七寸，其壳左深凹，而右扁平。水中浮行时，扁壳竖立如帆，乘风而行。表面有阔沟，表黄而里白。肉与柱味均美。壳大者可以代锅，小者亦可为杓。"

扇贝，为软体动物门，双壳纲，翼形亚纲，珍珠贝目，扇贝科，扇贝亚科的统称。台湾称海扇蛤。日借用汉字名帆立贝。英文名 scallop，fan-shell。壳圆扇形或圆形，壳顶位于直线之铰合部中央，具前后耳，壳面放射肋和生长纹明显，壳缘呈瓦屋状，具发达的闭壳肌。扇贝多分布于潮间带至潮下带，以足丝附于岩石、贝壳或沙砾上。

山东沿海呼海簸箕，浙江沿海称干贝蛤。

其干制的商品名干贝。在我国，食用扇贝的历史可能很长，称鲍鱼、干贝、鱼翅、燕窝、海参、鱼肚、鱼唇、鱼子为海八珍。

目前，我国扇贝养殖业发展极快，除国内现有物种栉孔扇贝 *Chlamys farreri*（Jones *et* Preston）外，还有从日本和朝鲜引进的虾夷扇贝 *Patinopecten yesoensis*（Jay），美国大西洋沿岸引进的海湾扇贝 *Argopecten irradians* Lamarck。参见蛤、江瑶等文。

日月贝

海镜　日月　日月蛤　万年蛤　月日贝

A.左壳表面；B.右壳内面

图2-36　日月贝
（仿张玺等）

清·李调元《然犀志》卷上："海镜，蛤类也。形如荷包，其粘连处类口，其开张处类囊，其内条条亦如褶焉。而色一白一红，潮人呼为日月。"其一白一红之描述，非日月贝莫属。清·李元《蠕范》卷六："日月蛤，大如掌而圆扁，壳半片白，半片黄，曰万年蛤。"

日月贝，为软体动物门双壳纲，翼形亚纲，珍珠贝目，扇贝科，日月贝属的统称。日借用汉字名月日贝。两壳近等圆形，无足丝。上壳红色，下壳黄白色，故名。在我国习见的日月贝 *Amusium*，采自南海潮下带。

海 月

蚝镜　海镜　膏叶盘　膏菜　明瓦　窗贝　蚝盘　鸭卵片　膏药盘　盘窗贝
璅蛣

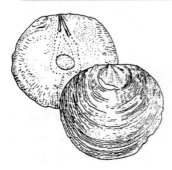

图2-37　海月
（仿张玺等）

三国吴·沈莹《临海水土异物志》余辑："海月，形圆如月，亦谓之蚝镜。"唐·刘恂《岭表录异》卷下："海镜，广人呼为膏叶盘。两片合以成形，壳圆，中甚莹滑，日照如云母光，内有少肉，如蚌胎，腹中有小蟹子，其小如黄豆而螯足具备。海镜饥，则蟹出拾食，蟹饱归腹，海镜亦饱。余曾市得数个，验之，或迫之以火，即蟹子走出，离肠腹立毙。或生剖之，有蟹之活在腹中，逡巡亦毙。"按，膏叶，宋·叶廷珪《海录碎事》及明·陶宗仪《说郛》作膏菜。又，所称"腹中有小蟹子"等，见豆蟹文。

明·屠本畯《闽中海错疏》卷下记："海月，土人多磨砺其壳，使之通明。鳞次以盖天窗。岭南谓之海镜，又曰明瓦。"因其壳质透明，沿海居民常嵌于门窗以代玻璃，又名窗贝。

清·郭柏苍《海错百一录》卷三："海月，圆如月，即海镜。两片相合似成形，外圆而甲甚莹，日照如云母光……又名蚝镜，连江呼蚝盘，长乐呼鸭卵片，粤人呼膏药盘。"

民国·徐珂《清稗类钞 动物类》又记："海镜，为软体动物，一名璅蛣，郭璞赋谓之璅蛣腹蟹。其肉可为酱，是为蛣酱。一名海月，粤人呼为膏药，两片合以成形。壳圆，中甚莹滑，月照之，如云母光，可制为明瓦。内有少肉如蚌胎，腹有小蟹子，如黄豆，螯足具备。海镜饥，则蟹出拾食，蟹饱归腹，海镜亦饱。或迫以火，蟹子避火走出，海镜立毙。人若生剖海镜，则见蟹藏腹中，逡巡死矣。"此记海镜为一种璅蛣。

海月，为软体动物门，双壳纲，翼形亚纲，珍珠贝目，海月科之统称。英文名 window shell。两壳均薄、半透明呈云母状，具八字形铰合齿，无足丝。在我国东南沿海潮间带习见，学名 *Placuna placenta*（ Linnaeus ）。参见海月水母、江珧、豆蟹文。

海月之称有歧义。明·李时珍《本草纲目·介二·海月》[释名]玉珧、江珧、马颊、马甲，[集解]引《酉阳杂俎》之玉珧，海月指玉珧、江珧等。而《临海水土异物志》正文之"海月大如镜，白色，正圆常死海边。其柱如搔头状"，则指海月水母或江珧。

牡 蛎

蛎蛤 玄蛎 蚝 牡蛤 古贲 厉 牡厉 蛎 蠣 蚝壳 蚝甲 蛎房 草鞋蛎* 黄蛎 竹蛎 房叔化 海蛎子 蚵 八蛎 蚵仔* 蛎黄* 蚝豉* 蚝油*

牡蛎之名，源自牡（mǔ）即雄，蛎（lì）乃粗大也。古人误为有雄无雌粗大之蛤。

《黄帝内经·热论》记牡蛎，具"形寒饮冷则伤肺"之功。《说文·虫部》："厉，千岁雀所匕，秦人谓之牡厉。"许慎说："匕，变也。"三国吴·沈莹《临海水土异物志》："蛎长七尺。"《神农本草经》卷二："牡蛎，味咸平……久服，强骨节，杀邪气，延年。一名蛎蛤，生池泽。"《江赋》记玄蛎，"玄蛎魂碨而碨砑。"

唐·刘恂《岭表录异》卷下："蚝即牡蛎也。其初生海岛边，如拳而四面渐长，有高一二丈者，巉岩如山。每一房内，蚝肉一片，随其所生，前后大小不等。每潮来，诸蚝皆开房，见人即合之。海夷卢亭往往以斧揳取壳，烧以烈火，蚝即启房。挑取其肉，贮以小竹筐，赴墟市以易酒。肉大者，腌为炙。小者，炒食。肉中有滋味，食之即能壅肠胃。"唐·段成式《酉阳杂俎·广动植二·鳞介篇》："牡蛎，言牡，非谓雄也。介虫中唯牡蛎是咸水结成也。"

明·李时珍《本草纲目·介二·牡蛎》[释名]牡蛤、蛎蛤、古贲、蚝。时珍曰："蛤蚌之属，皆有胎生卵生，独此化生。纯雄无雌，故得牡名。曰蛎、曰蚝，言其粗大也。"上述，咸水结也，独此化生，纯雄无雌，或下文谓雀所匕等，皆讹传。

古记牡蛎之名，又因种或地域等而异。此见《正字通·虫部》："蛎，俗蠣字。"《事物异名录·药材·介类》："番禺作杂编，蚝壳即牡蛎也。南越志作蚝甲。"明·陈懋仁《泉南杂志》卷上："牡蛎，丽石而生，肉各为房，剖房取肉，故曰蛎房。泉无石灰，烧蛎为之，坚白细腻，经久不脱。"明·王世懋《闽部疏》对牡蛎的生活习性体察甚深："蛎房，虽介属，附石乃生，得海潮而活。凡海滨无石，山溪无潮处，皆不生。余过莆迎仙寨桥，时潮方落，儿童群下，皆就石间剔，取肉去。壳连石不可动，或留之，乃能生。"

图2-38 褶牡蛎
（仿张玺等）

明·屠本畯《闽中海错疏》卷下曰："草鞋蛎，生海中，大如杯。渔者以绳系腰，入水取之。"似指今之长牡蛎 Grassostrea gigas（Thunberg）。又"黄蛎，五六月有之，大于蛎房数倍。味虽不如蛎房，而汁亦适口。但牡蛎可为酱，此不堪醃耳。"此记黄蛎与蛎房有异，待考。

《晋江县志》："牡蛎，俗名曰蚝。丽石而生，凿下更生，肉各为房，剖房取肉，故曰蛎房。出安海及东石者佳。泉无石灰，烧蛎房为之。"

我先民，早有养殖牡蛎的历史，宋·梅尧臣《食蠔》诗可证："薄宦游海乡，雅闻静康蚝……亦复有佃民，并海施竹牢，采掇种其间，讻激恣风涛。"宋·刘子翚《食蛎房》："蛎房生海堧（ruán 海涂空地），坚顽宛如石。"以养殖采集法名竹蛎，明·冯可时《雨航杂录》："渔者于海浅处植竹扈，竹入水累累而生，斫取之，名曰竹蛎。"徐珂《清稗类钞》："有种蛎者，以壳为灰，按时投之，翌岁，蛎丛生矣。"

宋·毛胜《水族加恩簿》："牡蛎曰房叔化……令房叔化，粉厕汤丸，裹丹气，叔化可豪山太守。"

民国·徐珂《清稗类钞 动物类》记："牡蛎为软体动物，一名蚝。右壳小而薄，左壳大而凸，外面硊磊不平，腹缘为波状屈折，色淡黄，内面白而滑润。足渐退化而失其用，常以左壳附着于岩石，连缀至一二丈，崭岩如山，俗称蚝山。产浅海泥沙中。肉味美，富有养料，易消化，谓之蛎黄，海滨之人多以为食品。宁波之象山港及台州湾所产最著名，有大小二种，并有绿蛎黄、鸡冠蛎黄、斧子蛎黄等名。大蛎黄取于象山之马鞍岛，运销上海。壳可烧灰，功用与石灰同，谓之蛎粉。"

各地俗称亦多，山东沿海呼海蛎子，闽粤沿海名蚝，连江方言称八蛎，台湾曰蚵仔。

还有，牡蛎肉鲜食名蛎黄，牡蛎干制品名蚝豉，牡蛎鲜汤浓缩后名蚝油等市售产品。

今，牡蛎为软体动物门，双壳纲，翼形亚纲，珍珠贝目，牡蛎科的统称。英文名 oyster。牡蛎两壳不等大，右壳平如盖，左壳大而深且附于它物上。在临海国家，产量已居贝类养殖之首。在我国沿海的褶牡蛎、近江牡蛎、太平洋牡蛎、长牡蛎、大连湾牡蛎和密鳞牡蛎等，多是养殖物种。可食，其壳可烧制石灰或工艺品，肉壳可入药。

近据报道，世界上第一大养殖贝类的牡蛎，全球年产量400多万吨，产值35亿美元。在海洋生态系统中，养殖的牡蛎每年可固化150余万吨的二氧化碳。

鉴于牡蛎优越的经济和基础研究价值，中科院海洋所和美国新泽西州立大学联合发起牡蛎基因组计划。

砗　磲

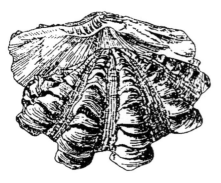

图2-39　鳞砗磲
（仿张玺等）

三国时，西域有金、银、硫砺、砗磲、玛瑙、珊瑚、琥珀、真珠七宝，砗磲为七宝之一。或称金、银、琉璃、珊瑚、砗磲、珍珠、玛瑙为七宝。

唐·欧阳询《艺文类聚》卷八十四引三国魏文帝《车渠椀赋》："车渠，玉属也。多纤理缛文，生于西国，其俗宝之。"《广雅·释地》："砗磲，石之次玉。"王念孙疏证："砗磲，古亦作车渠。"其后，宋·沈括《梦溪笔谈》卷二十二："海物有车渠，蛤属也，大者如箕，背有渠垄如蚶壳，故以为器，致如白玉，生南海。"明·李时珍《本草纲目·介二·车渠》："车渠，海扇，其形如扇……大蛤也。"海扇，此称有歧义，见扇贝文。

今，砗磲为软体动物门，双壳纲，异齿亚纲，帘蛤目，砗磲科的统称。日借用汉字名砗磲贝。英文名 horsehoof clam。砗磲壳大，可长达一米，重250千克。壳面放射肋粗壮，壳缘波状或具齿。外韧带，足丝孔大且紧靠壳顶。产于热带海域珊瑚礁间。国内已报道砗磲科二属：砗磲属 *Tridacna* 和车蠔属 *Hippopus*，计鳞砗磲 *Tridacna squamosa* Lamarck 和砗蠔 *Hippopus hippopus*（Lamarck）等6种。

蚬

蚬（xiǎn），初见于三国吴·沈莹《临海水土异物志》："蠻变，似蛤，如蚬大。"《北史·刘臻传》："（臻）性好啖蚬，以音同父讳，呼为扁螺。"明·李时珍《本草纲目·介二·蚬》 释名 扁螺，时珍曰："蚬，蜆也。壳内光耀如出初日，采

图2-40 河蚬

也。"明·屠本畯《闽中海错疏》卷下："蚬，似蛏而小，色黄壳薄，俗谓之蟟。有黄蟟、土蟟之别。大江者可食，他小浦中有之，有土气不堪用。"

另见《晋江县志》："泥蚬，似蛏而小。壳黄绿，俗呼沙蟟。"

蚬，为软体动物门，双壳纲，异齿亚纲，帘蛤目，蚬科的统称。两壳相等，圆或近三角形。壳面褐色有光泽，铰合部具主齿，侧齿上端锯齿状。闭壳肌近等大。多栖于淡水入海流域。在我国习见的有河蚬 *Corbicula pluminea*（Müller），壳顶突出，壳前后腹缘相连近似半圆形。

椐传，福州地区在明正德年间（1506—1521），就进行养殖，称为金蚶，并为贡品。除鲜食外，还可加工成蚬干或盐腌成咸蚬，是闽、粤、台人喜食的食品。蚬壳可作烧制石灰的原料，壳粉供作肥料。蚬又是卷棘口吸虫的第二中宿主，故不可生食。

文 蛤

花蛤　蚶仔　蚶利　粉尧　文蚶　尧仔　贵妃蚌　黄蛤

图2-41 文蛤
（仿张玺等）

魏时已识文蛤，唐时用以充贡赋。《晋书·后妃传》："惠皇禀质，天纵其嚚，识暗鸣蛙，智昏文蛤。"嚚（yín），奸诈。宋·沈括《梦溪笔谈》："文蛤，即今吴人所食花蛤也，其形一头小，一头大，壳有花斑的便是。"明·屠本畯《闽中海错疏》卷下："文蛤，壳有文理。唐时尝充土贡，亦名。"

有关文蛤的形态、分布和药用，明·李明珍《本草纲目·介二·文蛤》集解《别录》曰："文蛤生东海，表有文，取无时。"宏景曰："大小皆有紫斑。"保昇曰："今出莱州海中，三月中旬采，背上有斑文。"按，生于东海者，可能是双线血蛤，古时以色斑记颇有歧义。又明·李时珍《本草纲目·介二·文蛤》释名花蛤。时珍曰："皆以形名也。"今辽宁庄河亦俗称此，然有歧义，蛤仔亦别名花蛤。见蛤、蛤仔、文蛤文。

民国·徐珂《清稗类钞 动物类》写："文蛤为软体动物，在浅海沙中，大者二三寸。壳略如心脏形，微白，有褐色放射状之带纹，内面白色，水管甚长。足有强力，仅一二分时，能掘沙土，埋体其中。肉味美，研壳为粉，谓之蛤粉，可入药。"

今，文蛤为软体动物门，双壳纲，异齿亚纲，帘蛤目，帘蛤科的一种。学名 *Meretrix meretrix* Linré。台湾名蚶仔、蚶利、粉尧、文蚶、尧仔、贵妃蚌等。英文名 hard shelled clam 或 poker-chip venus。壳膨胀，被黄褐色光滑似漆之壳皮，故行用于浙江沿海名黄蛤。近背缘有锯齿或波状的褐色斑纹。壳内面主齿发达坚硬。文蛤广布于我国沿海潮间带及浅海区，以山东莱州湾、辽宁营口、江苏沿海产量最高。丰富的苗源，广阔的沙质海滩以及国内外市场的需求，均为发展文蛤养殖提供了条件。

蛤 仔

蛤拉 噶拉 花蛤 砂蚬子 蛤蜊 山水帘蛤 菲律宾帘蛤 海瓜子 薄壳仔 浅蜊 蛤

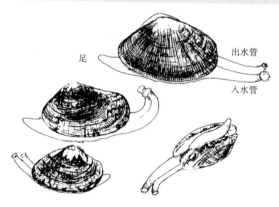

足　出水管　入水管

图2-42 菲律宾蛤仔

蛤仔，隶于软体动物门，双壳纲，异齿亚纲，帘蛤目，帘蛤科，蛤仔属。壳长卵圆形，具多变化的花纹和细的放射肋，主齿3个，无侧齿和缘小齿。菲律宾蛤仔 *Ruditapes philippinarum*（Adam *et* Reeve），喜栖于有淡水流入、波浪平静、沙泥底的内湾。北由辽东半岛鸭绿江口，南至雷州半岛都有分布，辽宁、山东产量很大，是水产捕捞和增养殖的重要种类。在我国沿海海滩多养之。

蛤拉即蛤仔，亦称噶拉、花蛤，辽宁庄河俗称砂（沙）蚬子。台湾名山水帘蛤、菲律宾帘蛤或俗称海瓜子、薄壳仔。日借用汉字名浅蜊。英文名 venus。青岛方言呼蛤蜊、蛤仔为蛤蜊（gala），但在贝类学中，蛤蜊不具分类学地位，而是蛤类的一个通称。夏日，"喝啤酒、吃蛤蜊、洗海澡"，这醇厚的本土气息，常使旅游者生出无限美好的遐想。近些年来，蛤蜊简直成了青岛的象征，也成了青岛人的骄傲。而外地来青的游客，也无不对这种小食品喜爱有加。红岛举办"蛤蜊节"，也正是青岛人这种海洋情结的真实写照。据称，我国产者最早由日人引进，故古无所记，今市场上又与蛤蜊混称。见蛤蜊、文蛤、花蛤等文。

蛤 蜊

仲肩　蛤蛛　蛤梨　圆蛤　马珂蛤*

三国吴·沈莹《临海水土异物志》："蛤蜊，壳薄且小。"晋·葛洪《抱朴子》："蛤蜊未加煮炙，凡人所不能唉，况君子与士乎。"宋·毛胜《水族加恩簿》："仲肩，乃蛤蛛。令合州刺史仲肩，重负双宅闭藏不发，即命之为含津令，升之为客诚君矣。"

由唐至明，所记渐多，其义有别。唐·段成式《酉阳杂俎·广动植二·鳞介篇》曰："蛤梨，候风雨，能以壳为翅飞。"按，能在水中靠双壳闭合力而"飞"之蛤，有扇贝和文蛤。明·屠本畯《闽中海错疏》卷下称："蛤蜊，壳白厚而圆，肉如车螯。"明·李时珍认为，利于人之蛤皆称蛤蜊，《本草纲目·介二·蛤蜊》释名 时珍曰："蛤类之利于人者，故名。"

明·屠本畯《闽中海错疏》卷下："蚏螂，似蛤蜊。"《淮南子·道应训》："卢敖就而视之，方倦龟壳而食蛤梨。"高诱注："蛤梨，海蚌也。"宋·苏轼《远游庵铭》："踞龟壳而食蛤梨者，必子也。"《晋江县志》："蛤蜊，〈闽书〉云：壳白厚而圆。海上人云：蛤蜊、文蛤皆一潮生一晕。"

民国·徐珂《清稗类钞 动物类》记："蛤蜊为软体动物，蛏属，壳几为正圆形，外面黄褐色，轮文稍高叠，内面白色。肉味甚美，水滨之人多以供膳，亦名圆蛤。"此记，蛏属有误。

今，蛤蜊为软体动物门，双壳纲，帘蛤目，蛤蜊科的统称。英文名 surf clam。主齿片状八字形，具内外韧带。其壳白厚而圆者，为四角蛤蜊 *Mactra veneriformis* Reeve，台湾名方形马珂蛤。此外，几种淡水无齿蚌（舟形无齿蚌、河无齿蚌、黄色蚶形无齿蚌）亦俗称蛤蜊。中国蛤蜊、西施舌均属于习见蛤蜊。参见本考西施舌、蛤文。

西施舌

沙蛤　沙施

图2-43　西施舌
（仿张素萍）

明·胡世安《异鱼图赞补》卷下引《雨航杂录》："西施舌，一名沙蛤，大小似车螯，而肉自壳中突出，长可二寸如舌。温州公常与人食此，戏曰西施舌。如此亦不足美，其人曰非也。舌长能搬弄，可称张仪舌。"又引《渔书》云："西施舌，状如蚌，壳色青绿，好似女子舌，故名。味清甘有致，作汤佳味。"按，状如蚌者，非为今圆形之西施舌蛤。

清·赵学敏《本草纲目拾遗》："据言，介属之美，无过西施舌，天下以产诸城黄石澜海滨者为第一。此物生沙中，仲冬始有，过正月半即无。取者先以石碌碡磨沙岸，使沙平实，少顷视沙际，见有小穴出泡沫，即知有此物，然后掘取之。"此以石碌碡磨沙岸之采集法，破坏资源，尤不可取。

宋·彭乘《续墨客挥犀·忌桃雀蛤》："海傍有蛤，背有花纹者，土人谓之花蛤，无文者谓之沙蛤。"明·冯时可《雨航杂录》卷下："西施舌一名沙蛤，大小似车螯，而壳自肉中突出，长可二寸如舌。"花蛤、沙蛤之称，有歧义，均泛指。

清·郑板桥《潍县竹枝词》"更有诸城来美味，西施舌进玉盘中。"

今，西施舌为软体动物门，双壳纲，帘蛤目，蛤蜊科的一种。学名*Mactra antiquata* Spengler，壳大而薄、略呈圆三角形，壳顶部和壳内面淡紫色。具片状主齿和黄色之内外韧带。足部肌肉发达，被称为舌。盛产于福建闽江口长乐县，辽宁、山东、江苏、河北沿海亦有产。20世纪30年代，梁实秋在青岛顺兴楼品尝西施舌记："一碗清汤，浮着一层尖尖的白白的东西，初不知何物，主人曰西施舌，含在口中有滑嫩柔软的感觉，尝试之下果然名不虚传。"

西施舌虽由春秋越国西施演绎而来，且沿用至今。然受郑板桥等名人所言，贝类学家亦以此讹传讹，今人称的"西施舌"，非《渔书》所谓。此见蛤、蚌、双线紫蛤文。

双线紫蛤

西施舌　车蛤　沙蛤　土匙　车螯　车蛤蜯　双线血蛤　西肚舌　西刀舌　春肉*　蛏肉*　紫晃蛤

图2-44　双线紫蛤
（仿张素萍）

宋·孙弈《示儿编》卷十七："福州岭口有蛤，闽人号其甘脆为西施舌。"明·王世懋《闽部疏》："海错出东西四郡者，以西施舌为第一，蛎房次之。西施舌本名车蛤，以美见谥，出长乐澳中。"又记泉、漳者，不及长乐者："海味重于天下者，称西施舌、江珧柱。泉、漳间皆有之，而苦不称美。"故西施舌本嬉指车蛤的肉质斧足。

清·郭柏苍按李时珍的蜯与蛤之别，认为"西施舌形长，不得称蛤。"此亦见《海错百一录》卷三："沙蛤，又名车蛤，海错疏土匙也。著书皆云似蛤蜊而长大，有舌白色名西施舌。李时珍曰蜯与蛤同类而异，形长者通曰蜯，圆者通曰蛤，故蜯从丰，蛤从合，后世混称蜯蛤者，非也。苍按，西施舌形长，不得称蛤。西施舌、沙蛤、土匙皆产长乐。土匙形长色黑。询以沙蛤，即吴航人亦以为西施舌之别名。蛤类甚多，且共生处，海人通烹之不辨其名。惟紫者难得耳。"

又，《古今图书集成·禽虫典·蜃部》引宋·欧阳修《初食车螯》："螯蛾闻二名（原注，车螯一名车蛾），久见南人夸。璀璨壳如玉，斑斓点生花。"今人称"壳紫色，璀灿如玉，有斑点，肉味鲜美，自古即为海味珍品"。

《晋江县志》："西施舌　似蛤蜊而长大，有舌白色，以美味得今名，本名车蛤蜯。中有小蟹寄居焉，西施舌者，恃蟹而生，相倚为命，蟹出求沙土之类以哺之，蟹非蜯无所居，西施舌非蟹则不食，一相失皆无生理，亦一异也。"按，此记前段甚是，后段见豆蟹文。

今，软体动物门，双壳纲，帘蛤目，紫云蛤科的双线紫蛤 *Sanguinolaria diphos* Linnaeus，壳略呈长椭圆形、前后端微开口，壳面被有黄褐色或咖啡色之外皮，壳顶和壳内面均为葡萄紫色，壳顶韧带附着处特厚。肉味鲜美。此谓之"西施舌"，乃双线紫蛤。台湾名双线血蛤，又称西肚舌、西刀舌、春肉、蛏肉、紫晃蛤。参见蛤、蚌、蛤蜊、西施舌文。

蛏

虹

宋·唐慎微《重修政和证类本草》卷二十二："蛏，生海泥中，长二三寸，大如指，两头开。"《玉篇》："蛏，同虹（dīng）。"明·张自烈《正字通》："蛏，小蚌。闽粤人以田种之，谓之蛏田，呼其肉为蛏肠。"按，此处所谓之蛏，为缢蛏，见该文。

古代，把蛏等非圆形之蛤称为蚌，《广韵·清韵》"蛏，蚌属。"此见蛤、蚌文。

民国·徐珂《清稗类钞 动物类》谓："蛏，与文蛤同类异种，壳为长方形，两端常开，色淡黑，长二寸许，足及吸水管皆露于壳外。肉似蛎，色白而甘美，俗呼为美人蛏，产海边泥中。"

今，蛏为软体动物门，双壳纲，帘蛤目中的截蛏科、蛏科、刀蛏科、竹蛏科等以蛏为词尾的海蛤的统称。壳长或长卵形而薄。见蛤、蚌、缢蛏、竹蛏等文。

缢 蛏

蛏 蛏肠* 跣 蛏子 小人仙 蜻子

图2-45 缢蛏
（仿张玺等）

《古今图书集成·禽虫典·蛏部》引《闽书》："耘海泥若田亩，然浃杂咸淡水乃湿生如苗，移种之他处乃大。长二三寸，壳苍白，头有两巾出壳外。所种者之亩，名蛏田或曰蛏埕或曰蛏荡。福州、连江、福宁州最大。"明·李时珍《本草纲目·介二·蛏》集解时珍曰："闽粤人以田种之，候潮泥壅沃，谓之蛏田，呼其肉为蛏肠。"民国·徐珂《清稗类钞 动物类》："闽人滨海种蛏，有蛏田，亦曰蛏埕。盖蛏产卵期在春冬间，孵化后，常随海潮漂至他处，聚于浅海之岸，稍长，即须移植，故种蛏者常买蛏苗于他岸也。"以上所记，均为缢蛏。

缢蛏，隶属于软体动物门，双壳纲，帘蛤目，蛏科。缢蛏 *Sinonovacula constricta* Linnaeus，壳脆薄、侧扁长卵形，两壳前后具开口。壳面自壳顶至腹缘有斜横且微凹之缢纹。喜栖于盐度较低（4～28）的河口软泥滩，是浙闽等省著名的养殖贝类。在我国北方沿海称跣，辽宁庄河俗称小人仙，浙江沿海名蜻子。参见蛤、蚌、竹蛏等文。

竹 蛏

虹　竹蚶　蛏仔　竹节蛏　大刀把蛏

图2-45　大竹蛏
（仿张玺等）

宋·唐慎微《重修政和证类本草》卷二十二："蛏，生海泥中，长二三寸，大如指，两头开。"《玉篇》："蛏，同虹。"《古今图书集成·禽虫典·蛏部》引《闽书》："又有竹蛏，似蛏而圆，类小竹节。"明·胡世安《异鱼图赞补》引《渔书》："有名竹蛏者，长二三寸，如小竹管。大者广一二寸，长十之。二三月间最肥，味淡而爽，与蛤相伯仲。"

明·屠本畯《闽中海错疏》卷下："玉筋蛏，似蛏而小，三月麦熟时最盛，以其形如麦稿，又名麦稿蛏。"因所记欠详，故难知何种。《晋江县志》："蛏，有一种形似竹节，曰竹蛏，味最美。又有一种似竹蛏而极小者，曰草蛏。"

今，竹蛏为软体动物门，双壳纲，帘蛤目，竹蛏科，竹蛏属的统称。台湾名竹蚶、蛏仔、竹节蛏。英文名 razor clam 或 razor shell，故又称剃刀蛤或剃刀贝。壳长似两头开之竹，铰合部具齿一枚。其中，大竹蛏 *Solen grandis* Dunker、长竹蛏 *S. gouldii* Conrad 皆习见于我国近海沙质潮间带，是优良的食用贝之一。明代已记其形态和分布，且知与缢蛏有别。辽宁庄河俗称大刀把蛏。参见蛤、缢蛏等文。

船 蛆

水虫　船喰虫

唐·段成式《酉阳杂俎·广动植二·水虫》："象浦，其川渚有水虫，攒木食船，数十日船坏，虫其微细。"文中记之水虫，即今俗称之船蛆。

船蛆为软体动物门，双壳纲，海螂目，船蛆科的统称。日借用汉字名船喰虫。英文名 marine borer。体细长呈蛆状，前端为两片壳包被，其余部分居于长形之石灰质管内。食纤维，严重破坏海中木、竹等水中设施和红树。我国是最早记载船蛆的国家。已报道14属27种名，以世界分布的 *Teredo navalis* Linnaeus 最为习见。

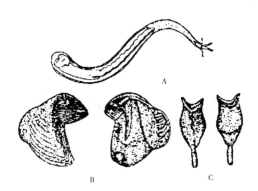

A.虫体；B.壳；C.铠

图2-46 船蛆

（仿张玺等）

乌　贼

何罗鱼　魝鱼　鰂　乌鰂鱼　乌贼鱼　算袋鱼　鮹　鮹鱼　墨节　鰤　缆鱼
甘盘校尉　噀墨将军　河泊度事小吏　墨鱼　墨贼　墨贼仔　墨仔

《山海经·北山经》："谯明之山，谯水出焉，西流注于河。其中多何罗之鱼，一首而十身，其音如吠犬，食之已痈。"《山海经·东山经》："东始之山……泚水出焉，而东北流注于海，其中多美贝，多茈鱼，其状如鲋，一首而十身，其臭如麋芜，食之不糠。"按，先秦对乌贼之记载，称何罗鱼、茈鱼。其"一首十身"之十身，似指乌贼之十腕，故释义为乌贼。

其后，记鰂、乌鰂鱼。《逸周书·王会》："请令以鱼皮之鞞，口鰂之酱，

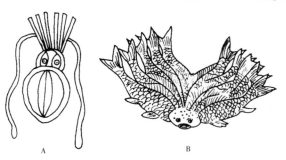

A.仿《本草纲目》；B.仿《山海经广注》

图2-47 乌贼

鲛瞂利剑为献。"孔晁注："鰂，鱼名"。《说文·鱼部》："鰂，乌鰂鱼也。"晋·左思《吴都赋》："乌贼、拥剑、龟鼊、鲭、鳄，涵泳其中。"均说明我国唐以前，把乌贼记为鱼，从鱼部。

唐·刘恂《岭表录异》卷下："乌贼鱼，只有骨一片，如龙骨而轻虚，以指甲刮之，即为末，亦无鳞，而肉翼前有四足，每

潮来，即以二长足捉石，浮身水上。有小虾鱼过其前，即吐涎，惹之取以为食。广州边海人往往探得大者，率如蒲扇，煠熟以姜醋食之，极脆美。或入盐浑腌。为干，槌如脯，亦美。吴中人好食之。"

乌贼之名沿用至今，其名来源众说不一：

一说食乌之贼。见唐·徐坚《初学记》卷三十引·沈怀远《南越记》："乌贼鱼，一名河泊度事小吏，常自浮水上，乌见以为死，便往啄之，乃卷取乌，故谓之乌贼。"按，古时乌字同鸟，言为食乌之贼，系杜撰。

又讹人钱财说。见唐·段成式《酉阳杂俎·广动植二·鳞介篇》："江东人或取墨书契，以脱人财物，书迹如淡墨，逾年字消，唯空纸耳。"宋·周密《癸辛杂识续集·乌贼得名》："世号墨鱼为乌贼，何为独得贼名，盖其腹中之墨，可写伪契券，宛然如新，过半年则宛然如无字，故狡者专以此为骗诈之谋，故谥曰贼云。"以此为诈骗之术，谑称乌贼。然，笔者用以书字，逾十年字迹未脱。

三说系物或鸟入水所化。《广动植二·鳞介篇》曰："海人言，昔秦王东游，弃算袋于海，化为此鱼，形如算袋，两带极长。"《集韵·平模》："鰞，鰞贼，鱼名。九月寒乌入水化为之。"宋·杨万里《乌贼鱼》："秦帝东巡渡浙江，中流风紧底书囊。"均称乌贼系物或鸟入水所化。古籍何以把乌贼与鸟结缘，如罗愿《尔雅翼·释鱼二·乌鲗》称："今其口足并目尚存。犹相似，且以背上之骨验之。"此类"发达之眼"、"似鸟之上下喙"、"背骨"，皆为古人之想象。

上述诸说，惟有明·李时珍《本草纲目·鳞四·乌贼鱼》释名颂曰："腹中有墨可用，故名乌鲗。能吸波噀墨，令水溷黑，自卫以防人害。"民国·徐珂《清稗类钞 动物类》："乌贼，亦作乌鲗，为软体动物。体苍白色，有紫褐色斑点，分为头部、腹部。头部有足十，中二足独长，为捕捉鱼类、贝类等食物之用。眼二，构造与哺乳动物无异。腹部为卵圆形之囊，名外套膜。两旁有肉鳍，为游泳器，中有内壳色白，质坚厚而疏松，即海螵蛸也。又有白色小囊，中贮墨汁，有急，则喷之以自匿，故俗又称墨鱼。可鲜食及制鲞行远，为吾国海产之一大宗。"记述均生动可信。

乌贼异称亦颇多。《集韵·平尤》："鮂（qiú），鱼名，乌贼也。"《埤雅·释鱼·乌鲗》："鱼鲗，一名缆鱼。风波稍急，即以其须黏石为缆。"宋·毛胜《水族加恩簿》："乌贼名甘盘，令甘盘校尉，吐墨自卫，白事有声，（宜）授噀墨将军。"按，噀（xùn）亦作潠，《说文新附·水部》："潠，含水喷也。"

台湾、闽南方言墨贼，福建漳州方言墨贼仔，泉州方言墨鱼，龙岩方言墨仔，漳平方言墨节。

乌贼雌性缠卵腺干制品名乌鱼蛋。清·赵学敏《本草纲目拾遗》卷十："乌鱼蛋，产登莱，乃乌鱼腹中卵也。"按，此记"乃乌鱼腹中卵也"，误矣，是缠卵腺的干制品名。

今，乌贼为软体动物门，头足纲，乌贼目和枪形目为主的动物的统称。英文名 cuttle fish。头前具足，二鳃，十腕。十腕之二长腕能全部缩入头内，腕吸盘多排成四纵列，躯干部多具周鳍或中鳍。

在我国习见的金乌贼、曼氏无针乌贼、针乌贼等乌贼科乌贼具钙质内壳，而耳乌贼科和微鳍乌贼科乌贼内壳退化。除深水乌贼外，皆具能分泌墨汁之墨囊。

另外，我国古籍还常把乌贼、柔鱼、章鱼相混。此区分虽见于宋人罗愿《尔雅翼·释鱼二·乌鲗》："其无骨者名柔鱼。又章举、石距相类而差大。"但明清和现今民间，仍常混称。

乌贼所属的头足类，是我国四大海产渔业之一。繁殖场主要于水清藻密、外海岛屿附近之中下层水域。喜捕食虾蛄、鹰爪虾、毛虾等，种内亦常相互残食，自身又是带鱼、鳓鱼、真鲷等的猎物。每年渔期自立夏起，为时约 2 个月，以后多分散，鲜见其踪迹。参见金乌贼、曼氏无针乌贼、柔鱼、枪乌贼、章鱼等文。

金乌贼

乌鲗　墨鱼　缆鱼　鲞*　海螵蛸*　海鳔鮹*　甲乌贼　乌鱼　乌子　针墨鱼　墨鱼干*　北鲞*

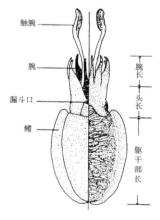

触腕

腕

漏斗口

鳍

腕长

头长

躯干部长

（左：背面观；右：腹面观）

图2-48　金乌贼

明·李时珍《本草纲目·鳞四·乌贼鱼》释名："乌鲗、墨鱼、缆鱼，干者名鲞，骨名海螵蛸。"乌贼之内骨骼名海螵蛸，《尔雅翼·释鱼二·乌鲗》："背上独一骨，厚三四分，形如樗蒲子而长，轻脆如通草，可刻，名海螵蛸。"明·屠本畯《闽中海错疏》卷中："（乌贼骨）可刻镂，以指剔之如粉，名海鳔鮹"。《晋江县志》："乌贼，即乌鲗。八足集在口，缩喙在腹。《闽书》：一名墨鱼。性嗜乌，每暴水上，有乌过，谓其已死，啄其腹反为所卷食，故亦名乌贼。腹中血及胆如墨，其骨曰海鳔鮹。又一种小者，名墨斗。"言其性嗜乌（鸟），人云亦云。

今，金乌贼为软体动物门，头足纲，乌贼目，乌贼科的一经济种。主要群体栖于暖温带海域。学名为 *Sepia esculenta* Hoyle。日借用汉字名甲乌贼。内壳后端具尖锥，躯干部后腹部无腺孔，雄性个体具明显的横条色斑。体重500～800克。山东名乌鱼、乌子、墨鱼，广东称针墨鱼。在我国年产量曾高达0.2万吨。躯干部干制品，山东沿海名墨鱼干，闽、粤沿海称北鲞（xiǎng）。

曼氏无针乌贼

乌鲗鱼　乌鲗　墨鱼　花枝晒　螟蝴干*　螟蝴鲞*　花枝　花拉子　麻乌贼
乌鱼　目鱼　乌贼　臭屁股　疳血乌贼　血墨　尻烧乌贼*　螟鲞*　南鲞*
墨鱼蛋*　卵白*　墨枣*

《古今图书集成·禽虫典·乌贼鱼部》引《福州府志》："乌鲗鱼，俗呼为墨鱼，大者曰花枝晒，干者俗名曰螟蝴干。"螟蝴鲞之称多行用于闽、粤沿海，即曼氏无针乌贼躯干部之淡干品名。又《晋江县志》："花枝，形似墨鱼而有异，墨鱼尾圆，花枝尾尖，肉较嫩脆。"

今，曼氏无针乌贼为软体动物门，头足纲，乌贼目，乌贼科的一经济种。主要产于浙江、闽东近海。学名 *Sepiella maindroni* de Rochebrune。内壳后端无尖锥，躯干后部具腺孔且分泌黄色黏液。沿海渔民对其称谓有别：鲁名花拉子、麻乌贼、乌鱼、墨鱼，浙称目鱼、乌贼、墨鱼，闽曰臭屁股，粤称疳血乌贼、血墨。日借用汉字名尻烧乌贼。年产量变动较大，从0.75万吨（1956年）至6.2万吨（1959年）不等。躯干部淡干品俗称螟鲞、南鲞，雌性缠卵腺干制品俗称墨鱼蛋，雄性精巢干制品称卵白，味均鲜美。如遇天气阴雨，用盐渍之，称为墨枣。

柔　鱼

柔　鰇　东洋鱿　北鱿　日本鱿　日本鱿鱼

《尔雅翼·释鱼二·乌鲗》："其无骨者名柔鱼。"明·屠本畯《闽中海错疏》卷中："柔鱼，似乌鲗而长，色紫，一名销管。"按，无骨实为内壳角质，锁管非此。《正字通·鱼部》："柔鱼，似乌鲗，生海中，越人重之，本作柔。"《广韵·平尤》："鰇，鱼名。"《晋江县志》："柔鱼，形似乌贼，干以酒炙之，味最美。"

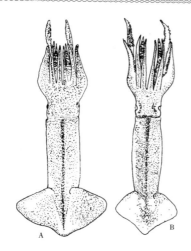

A.巴氏柔鱼；B.太平洋褶柔鱼

图2-49 柔鱼

（仿董正之）

汉唐时期，乌贼、柔鱼、枪乌贼不分，统称为乌贼。宋代已识柔鱼，但误为无骨。明朝仍与锁管（闭眼类的枪乌贼）相混。现今，黄海北部、东海外海均有所分布。

今，柔鱼为软体动物门，头足纲，枪形目，柔鱼科动物的统称。头部具足，开眼（眼外无膜），十腕之二长腕仅部分能缩入头内，躯干部锥形，具端鳍，内壳角质。在我国，太平洋褶柔鱼 *Todarodes pacificus* Steenstrup，曾用学名 *Ommastrephes sloani pacificus* Steenstrup，俗称东洋鱿、北鱿、日本鱿或日本鱿鱼。颇具经济价值。年产量全球可达40万～50万吨。参见乌贼、枪乌贼、章鱼等文。

枪乌贼

锁管　净瓶鱼　本港鱿鱼　台湾锁管　长筒鱿　中国鱿鱼　笔管

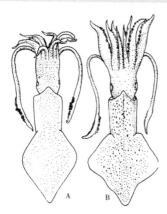

A.中国尾枪乌贼；B.日本拟枪乌贼

图2-50 枪乌贼

（仿董正之）

《格致镜原·水族类·乌鲗》引《兴化府志》："锁管，大如指，其身圆直如锁管，其首有薄骨插入管中，如锁须。"按，兴化府，宋置民国废，治所即今福建省莆田县。又引《庶物异名疏》："锁管，似乌贼而小，色紫。"《晋江县志》："锁管，似乌鲗而小，色紫。"《兴化府志》："锁管，或谓之净瓶鱼。"

今，枪乌贼为软体动物门，头足纲，枪形目，枪乌贼科动物的统称。英文名 sea arrow。枪乌贼身圆直，头部具足，二鳃，十腕中之二腕仅部分能缩入头内，腕吸盘两纵行，眼眶外具膜，内鳍菱形位于体后，内壳角质。在我国报道有：中国尾枪乌贼 *Uroteuthis chinensis*（Gray），曾称中国枪乌贼 *Loligo chinensis* Gray，产于南海，捉腕大吸盘角质环齿大小不一，福建沿海名本港鱿鱼，台湾沿海称台湾锁管，广东沿海曰长筒鱿、中国鱿鱼；日本拟枪乌贼 *Loliolus japonica*（Hoyle），曾称日本枪乌贼 *Loligo japonica* Hoyle，见于黄渤海、东海北部，捉腕大吸盘角质环齿板宽，山东沿海名笔管。

此外，明·屠本畯《闽中海错疏·卷中》："墨斗，似锁管而小，亦能吐墨。"又"猴染，比墨斗稍大，比锁管稍小。"记述过简，所指待考。

蛸

石矩　章举　射踏子　章鱼　石矩　章拒　章锯　石拒　石距　章花鱼　望潮鱼　鳟鱼　红举　鐖鱼　胶水　八梢鱼　拔蛸　蜛蠩　蜛蠩　八带鱼

唐·刘恂《岭表录异》卷下："石矩，亦章举之类。身小而足长，入盐干烧，食极美。又有小者，两足如常，曝干后，似射踏子。故南中呼为射踏子也。"

唐·韩愈《初南食贻元十八协律》诗："章举马甲柱，斗以怪自呈。"王伯大注："章举，有八脚，身上有肉如臼，亦曰章鱼。马甲柱，即江瑶柱。此云石矩，即章举之类，当别有章举一条，而传写佚之。"《格致镜原》卷九十二·章鱼引《埤史》："章举，一名章鱼，一名章拒。一名章锯，以其足似锯也，形类乌贼而小。"引《稗谈》："海上鳞族异者名章拒，大者名石拒，居石穴，人取之能以脚黏石拒人，故名。"又引《阳江县志》："章鱼，足数寸，独二足长尺许而名，密缀肉如臼，臼吸物绝有力。就浅水佯死，鸟信而啄之，则举其足以取。螃蟹尤苦其毒。"章鱼类凶猛、肉食性，言其食鸟不可信，尤喜食蟹，甚是。

《通雅·释鱼》："章举、石距，今之章花鱼、望潮鱼也。"

明·王世懋《闽部疏》："莆人于海味最重鳟鱼及寄生。鳟鱼即浙江之望潮也。形虽不雅，而味美于乌贼。"明·屠本畯《闽中海错疏》卷中："章举，红举也，似石拒而大。"按，此记尚待析。

明·李时珍《本草纲目·鳞四·章鱼》释名："章举、鐖（jī）鱼。"清·李调元《然犀志》卷上记："章举，体形椭圆如猪胆。端分八足，如抽花须，而其长倍于身。每足阴面起小圈子，密比蜂窠，错如莲房。八足聚处有细眼如针孔，其后尻也。其口迤尻，幸有足为之上下耳。无皮无骨，肉颇含脂。黑比膏。腻同蚌髓，非鳞非介，又名章鱼。潮人讹称章鱼曰胶水。"按，此记"足长倍于身"，系今称之长蛸。清·查慎行《人海记·八梢鱼》："八梢鱼，灰褐色，无鳞，腹圆，口生腹下，后拖八尾，产辽东海中。"辽宁庄河俗称拔蛸。

《文选·郭璞〈江赋〉》："蜛蝫森衰以垂翘，玄蛎魄礧而碨砑，或泛潋于潮波，或混沦乎泥沙。"李善注引《南越志》曰："蜛蝫，一头，尾有数条，长二三尺，左右有脚，状如蚕，可食。"清·郝懿行《记海错》曰："今验此物，海人名蛸，音梢。春来者名桃花蛸，头如肉弹丸，都无口目处。其口目处乃在口下。多足如革带散垂，故名之八带鱼。脚皆列圆钉，有类蚕脚，其力大者，钉著船不能解脱也。"按，所记蜛蝫（蝫）有歧义，此见沙蚕文。

如今，蛸（章鱼）为软体动物门，头足纲，八腕目，蛸科（章鱼科）动物的统称。英文名octopod。头部具足，二鳃，八腕，腕吸盘两纵行。因运动时躯干部（胴部）高举而疾行，腕吸盘圆润似图章，故名章举。又曾误其为鱼（鳞）类，亦名章鱼。章举之名今已弃用，而章鱼沿用至今。在我国已报道蛸科3属19种。其中短蛸和长蛸最具经济价值。参见短蛸、长蛸、乌贼等文。

短 蛸

涂婆　章举　鱆　鱆鱼　望潮　饭蛸　坐蛸　短腿蛸　小蛸　短爪章　四眼章
白鱆　红鱆

明·屠本畯《闽中海错疏》卷中："涂婆，章举也，似石拒而足短。"又"鱆，腹圆，口在腹下。多足，足长，环聚口旁，紫色，足上皆有圆文凸起。腹内有黄褐色质，有卵黄，有黑如乌鲗墨，有白粒如大麦。味皆美，明州谓之望潮。"按，文中"白粒如大麦"，是为短蛸之卵，山东沿海俗称饭蛸，又称坐蛸、短腿蛸、小蛸、短爪章。广东沿海名四眼章。又《晋江县志》："鱆鱼，腹圆，口在腹中，八足，聚生。口旁足上皆有圆文浮起紫色，一名望潮。有白鱆、红鱆二种。《闽书》云：鱆鱼即浙之望潮也，形虽不雅，而味美于乌贼。"鱆有歧义，见招潮蟹文。

图2-51 短蛸
（仿张玺等）

每年5～7月，常在石块或空螺壳中，捉到长15厘米、八腕等长、眼前具金色环、眼间具纺锤形色斑的短蛸。短蛸学名 *Octopus fangsiao* Orbigny，曾用学名 *O. ocellatus*。性成熟的雌个体，其卵酷似煮涨的大米粒，故有饭蛸之称。生殖期，尤喜钻入空螺中产卵，故渔民常把大个的红螺壳钻洞并以绳系之，制成"菠罗网"，垂入海底，定时收网，所获破丰。为我国北方海洋沿岸重要的经济种，山东沿海年产量达数百吨。

长 蛸

射踏子　章鱼　石拒　八带鱼　石距　八带　马蛸　长腿蛸　大蛸　章拒
长爪章　水鬼

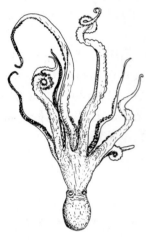

图2-52 长蛸
（仿齐钟彦等）

唐·刘恂《岭表录异》卷下："章举之类……有小者，两足如带（常），曝干后似射踏子，故南中呼为射踏子也。"言其为长蛸的干制品。

《古今图书集成·禽虫典·章鱼部》引《漳州府志》曰："石拒，朝鲜人谓之八带鱼，以此修贡。脚长四五尺，往往缘石拒人，不知者空手探取，则八脚黏缘而上，缠身塞鼻不可解脱。近海以竹梃探之，俟众脚皆缘众梃，然后总执而出。其肉柔韧，不如章举为脆。"明·李时珍《本草纲目·鳞四·章鱼》集解时珍曰："石距亦其类，身小而足长。"《晋江县志》："石拒，似鳝鱼而脚三棱。《闽书》：一名八带，大者至能食猪。居石穴中，人或取之，能以足黏石拒人。"

长蛸，乃章鱼的另一习见种，学名 *Octopus variabilis*（Sasaki）。眼前无金色环，眼间无纺锤形色斑，腕为躯干长的六七倍，背中线第一对腕最粗壮，为其他腕径的二倍。故石拒（距）为腕（足）长之长蛸。山东沿海名马蛸、长腿蛸、大蛸。浙江沿海称章拒。广东沿海曰长爪章、水鬼，主要分布于温带偏南海域。在我国，其产量仅次于短蛸。

鹦鹉螺

鹦鹉贝

鹦鹉螺，此称初见于三国吴。《渊鉴类函·鳞介部·螺一》引三国吴·万震《南州异物志》："鹦鹉螺，状如覆杯，头如鸟头向其腹视，似鹦鹉故以为名。肉离壳出食，饱则还壳中，若为鱼所食壳乃浮出，为人所得。质白而紫文，如鸟形与觞无异。故因其像鸟，为作两目两翼也。"按，此记前段所述甚是，后段"肉离壳出食"等系杜撰。后世，唐·欧阳询《艺文类聚》、唐·刘恂《岭表录异》、宋·楼钥《支茂先烟蓑亭》诗："人生逆旅困风波，大似寄居鹦鹉螺。月白江空无一事，不须更作钓鱼蓑。"均有所记。

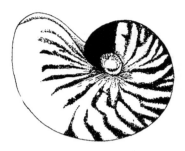

图2-53 鹦鹉螺

唐·刘恂《岭表录异》卷下："鹦鹉螺，旋尖处屈而朱，如鹦鹉嘴，故以此名。壳上青绿斑文，大者可受三升，壳内光莹如云母，装为酒杯，奇而可玩。"

民国·徐珂《清稗类钞 动物类》称："鹦鹉螺为软体动物，有四鳃，口之周围多丝状触手，介壳为螺旋状，螺层尖处屈曲如鹦鹉嘴，故名。壳乳白色，有青绿斑，里面有光如真珠，大者可受二升，制为酒器，奇而可玩，《格古要论》谓之鹦鹉杯。"

迄今，在我国海域，从未采到过活的标本。鹦鹉螺只分布于西太平洋热带海域，东起萨摩亚群岛、西至加里曼丹、北始菲律宾群岛、南达澳大利亚悉尼，其死后的空壳（鹦鹉螺）可随洋流搬至 10 000 千米以远达我国南海，故常被误为广布的物种。民间亦误把寄居蟹的换壳或章鱼产卵时的钻壳习性移此。此外，在我国类书亦把鹦鹉螺归为螺类并与红螺混称，此误且延用至清末。

鹦鹉螺 *Nautilus pompilius* Linnaeus，日借用汉字名鹦鹉贝。英文名 nautilus。具 4 鳃，腕数十只，壳平面螺旋。因壳面放射状花纹紫红色似鸟冠，脐孔处的圆形物似鸟眼，壳的黑色初始部似鸟嘴，故名鹦鹉螺。5 亿年前的寒武纪末期，鹦鹉螺类的种数多达 3 000 种，现全球仅存 3 种，是古老而珍贵之物种。参见乌贼、螺、蛸、寄居蟹等文。

软体动物

贝壳* 贝类 贝

软体动物门 Mollusca（L.，*molluscus*，soft），常由头、足、内脏团、外套膜和壳五部分组成。是动物界的第二大门。

按字义，该类动物体软如瓜果或真菌，而得名软体动物。全球达 10 万种（含现生 5 万余种、化石 35 000 余种），研究软体动物的学科，称为软体动物学（Malacology）。因具形态多样的贝壳，英文名 Concology，字义为贝壳学。软体动物又称贝或贝类，故该学科亦称贝类学。软体动物门常分为七纲：单板纲、无板纲、多板纲、腹足纲、斧足纲、掘足纲、头足纲。

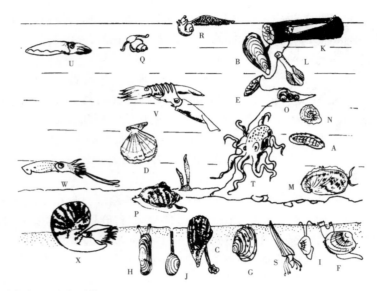

A.多板纲：毛肤石鳖

B～L.双壳纲：B.贻贝；C.江珧；D.扇贝；E.牡蛎；F.鸟蛤；G.蛤仔；H.缢蛏；

　　　　　　 I.紫云蛤；J.海螂；K.船蛆；L.凿石蛤

M～R.腹足纲：M.鲍；N.帽贝；O.滨螺；P.红螺；Q.翼足类；R.海蜗牛

S.掘足纲：角贝

T～X.头足纲：T.章鱼；U.乌贼；V.深海枪乌贼；W.深海乌贼；X.鹦鹉螺

图2-54　软体动物

　　单板纲 Monoplacophora（Gr.，*mono*，one；*plax*，plate；*phora*，bearing），单板纲动物是原始的小型海生贝类。在 20 世纪 50 年代以前，仅知古生代的化石种。1952 年，丹麦"海神"（Galathea）号在中美哥斯达黎加（Costa Rica）西海岸外水深 3 570 米采得活的新碟贝 *Neopilina* 后，才确定该纲。

　　多板纲 Polyplacophora（Gr.，*polys*，many；*play*，plate；*phore*，bearing），该纲动物背腹扁平，头部退缩，足大而扁平，常具八块钙质壳板。明·李时珍《本草纲目·石部二·石鳖》，恐是最早的记述。

　　腹足纲 Gastropoda（Gr.，*gaster*，stomach；*podos*，foot），该纲动物具宽大而腹位的足，具头部和触角，多具螺旋形的单壳。约计 8.8 万种，常称为单壳纲（Univalvia），俗称螺（snail）。鲍、马蹄螺、法螺、轮螺、蛇螺、宝贝、红螺、荔枝螺、香螺、泥螺、海兔、海牛等，古籍均有所记。

斧足纲 Pelecypoda（Gr.，*pelekus*，hatchet；*podos*，foot），因足多呈斧状得名。又因鳃瓣状，两片壳，头部退化，分别称瓣鳃纲（Lamellibranchia）、双壳纲（Bivalvia）、无头纲（Acephala），统称蛤（clam）。自唐至清，牡蛎、江珧、蚶、缢蛏等的养殖，均说明中华先民的开发贡献。有害贝类的船蛆，唐时记为水虫。

掘足纲 Scaphopoda（Gr.，*skaphe*，boat；*podos*，foot）又称管壳纲 Siphonoconchae，通称角贝（horn shell）、象牙贝（tusk shell），具一个细长呈牛角形或圆锥形管状壳。贝壳两端开口，稍向腹面弯曲。底栖穴居于海底。自潮间带至 4 600 米深海均有分布。大部分是化石种，现生约 520 种皆栖于海洋未固结的沉积物中。

头足纲 Cephalopoda（Gr.，*kephale*，head；*podos*，foot），此类动物足位于头的前部且分化为腕和漏斗，除鹦鹉螺等具外露的外壳外，余具内壳或壳退化。典籍中，对鹦鹉螺、乌贼、鱿鱼和章鱼所记颇多。《山海经·北山经》所记一首十身的何罗鱼，该是现今的乌贼。但自古至今，民间对十腕的乌贼和八腕之章鱼仍常混淆且误为鱼类。

近年来，由滩涂贝类和浅海贝类组成的我国海水贝养殖业，发展极快。滩涂贝类主要以缢蛏、牡蛎、泥蚶、菲律宾蛤仔等为主，浅海贝类则指贻贝、缢蛏、扇贝、鲍鱼等。

3 鲎　海虾　海蟹

鲎

鲎鱼　鲎簰　鲎媚　长尾先生　典酱大夫　仙衣使者　何罗鱼　马蹄蟹
大王蟹　钢盔鱼　鸳鸯蟹　三刺鲎*　中国鲎*　两公婆　六月鲎　爬上灶
夫妻鱼　鸳鸯鱼　东方鲎　海怪　王蟹　鬼鲎*　鬼仔鲎*　儿鲎*　圆尾鲎*

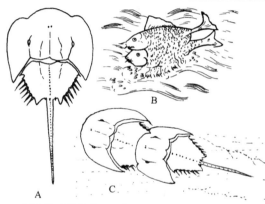

A.中国鲎（雄性）　B.何罗鱼（仿《三才图会》）
C.雌负雄

图3-1　鲎

鲎（hòu），《文选·郭璞〈江赋〉》记水物怪错："蛣、蚌、鲎、蜦、鳝、鱕、鼍、魔。"唐·虞世南《北堂书钞》卷一四六引晋·刘欣期《交州记》："鲎，形如惠文冠，其形如龟，子如麻，子可为酱，色黑。十二足，似蟹，在腹下。雌负雄行。南方用以作酱，可噉之。"

古时记鲎为鱼，唐·皮日休《诃陵樽》诗："一片鲎鱼壳，其中生翠波。"

古人称鲎善候风，《尔雅翼·鳞四·鲎》曰："鲎善候风，故其音如候也。"又杜撰出"鲎帆"，唐·段成式《酉阳杂俎·广动植二·鳞介篇》："今鲎壳上有一物，高七八寸，如石珊瑚，俗称为鲎帆。"《尔雅翼》称："旧说过海辄相负于背，高尺余，如帆。"宋·叶廷珪《海录碎事》卷二十二："鲎壳上有物如角，常偃，高七八寸，每遇风至即举，扇风而行，俗呼之以为鲎帆。"此外，《格致镜原·水族类·鲎》引《南海志》："鲎在水中揭尾而行如帆，号鲎帆。"上述均系讹传，鲎的尾剑上举为"帆"不足信。

尚有《尔雅翼·鳞四·鲎》："又其众如簰（pái）袱，名鲎簰。"故《番禺杂记》曰"鲎牌"。又有"其相负，则雌常负雄，虽风涛终不解，故号鲎媚。"等名。

唐·刘恂《岭表录异》卷上："鲎鱼，眼在背上，口在腹下，青黑色。腹两旁为六脚。有尾长尺余，三棱如棕茎。雌常负雄而行。捕者必双得之，若摘去雄者，雌者即自止，背负之方行。腹中有子如绿豆，南人取之，碎其肉脚，和以为酱，食之。"

鲎卵或肉可食，鲎壳可代杓，此见明·王世懋《闽部疏》："濒海诸郡，以鲎皮代杓，岁省铜千余斤。"又记："鲎之为物，介而中坼。厥血蔚蓝，熟之纯白。尾锐而长，触之能刺，断而置地。其行郭索，雌常负雄，触苟而逝。或得其雌，雄亦就毙。"《晋江县志》："鲎，下有十二足，上覆以壳，壳上有刺，尾长尺余。行则牝牡相随，止则牝负其牡。渔人得之每双。其单行者，谓之孤鲎，食或伤人。"

宋·毛胜《水族加恩簿》："令长尾先生，惟吴越人以谓用先生治酱，华夏无敌，官授典酱大夫、仙衣使者。"

明·王圻等《三才图会》绘何罗鱼，示鲎雌个体背负雄个体的生殖交配状。

今，鲎为节肢动物门，有螯亚门，肢口纲，剑尾目，鲎科的统称。鲎繁盛于3.95亿~3.45亿年前泥盆纪（一说2.25亿年前二叠纪），衍繁至今，变化甚微，故有"活化石"之称。由马蹄形之头胸部，六角形具侧棘之腹部，长的尾剑三部分组成，具附肢6对，其中步足5对。步足基部具刺突以咀嚼食物。左右具大的复眼，前方中央具2个单眼。

因头胸甲似马蹄，英文名horseshoe crab，中译名为马蹄蟹。因似蟹且大于蟹，英文名king crab，译名为大王蟹。台湾称钢盔鱼、鸳鸯蟹。近年，用鲎血制成的"鲎试剂"，在革兰氏阴性细菌疾病的预防中，取得重大进展。

在我国，已报道三种鲎。中国鲎（三刺鲎）*Tachypleus tridentatus*（Leach），分布于宁波以南沿海，4~5月至潮间带沙滩产卵，9~10月移向外海。又俗称两公婆、六月鲎。还有别名爬上灶、夫妻鱼、鸳鸯鱼，东方鲎、海怪、鲎鱼、王蟹。

另外，《格致镜原·水族类·鲎》引《事林广记》："鲎鱼小者，谓之鬼鲎，食之害人。"所记之鬼鲎，亦称鬼仔鲎、儿鲎，即圆尾鲎*Carcinoscopius rotundicauda*（Latreille），1986年在我国北部湾深20米浅海采到。此为鲎中小者，长约30厘米，重约0.3千克，喜在河口江岸产卵。人食后会中毒而亡。广西沿海称其为鬼鲎仔。清·李调元《然犀志》："又一种小者，谓之儿鲎，亦不可食。"甚是。

卤 虫

赤虾 卤虾 赤尾 咸水虾 盐水丰年虫 丰年虾 卤虫虾 盐虫子 丰年鱼

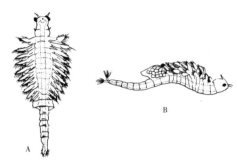

A.雌虫背面观；B.仰泳姿式

图3-2 卤虫

明·屠本畯《闽中海错疏》卷中记："赤虾，虾之小者，即天津之卤虾。"清·郭柏苍《海错百一录》卷四："赤尾，天津呼卤虾。"

卤虫 *Artemia* spp.，隶属于节肢动物门，甲壳亚门，鳃足纲，无甲目。高盐水动物，是大陆盐湖、与海隔离的泻湖、盐田等高盐水域中的广布种。虫长 1.2 ~ 1.5 厘米，头部具有柄的复眼，胸部具 11 对叶状的附肢，腹部 8 节、无附肢、具尾叉。终生仰游于水面，水鸟和大风是其传播的媒介。沿海居民捞获以制成虾酱。20 世纪 30 年代卤虫无节幼虫供做幼鱼饵料，50 年代始商业性开发，70 年代对其进行基础生物学研究，90 年代深入其营养学深层次的研究中。卤虫对制盐业，对鱼虾蟹幼苗的培育，均具重要意义。咸水虾名译自英文 brine shrimp，在动物学中，亦俗称盐水丰年虫、丰年虾或卤虫虾、盐虫子。日借用汉字名丰年鱼。

藤 壶

撮嘴 蚰 触嘴 锉* 锉壳* 触 曲嘴 马牙

A.白脊管藤壶；B.东方小藤壶

图3-3 藤壶

清·聂璜《海错图》记："撮嘴，初生水花凝结。如井栏，而壳中通如莲花茎。栏内又生两片小壳，上尖下圆。肉上有细爪数十。开壳伸爪，可收潮内细虫以食。"所记为藤壶。

浙江玉环称为蚰、触嘴。敲藤壶为打蚰，聊充菜肴。岱山县记白脊管藤壶为锉、锉壳，又俗称藤壶为触，平阳称曲嘴。

藤壶体外具石灰质壳板，曾被认为是软体动物。直到 19 世纪 30 年代，发现其幼虫，才归为具节肢的甲壳动物。

在岩礁、码头、船底，乃至鲸鱼、海龟、龙虾、蟹等的硬物表面，都可固着有藤壶，是裸岩面或挂板上最早固着的动物，在其率领下，其他动植物如海藻、水螅、多毛类、贝类、苔藓虫和海鞘等才相继而至，形成密集的生物地毯。在我国，近海挂板每年每平方米藤壶固着量可达 4 千克，在外海达 50 ~ 60 千克，是危害极大的污损生物。藤壶的固着，可使经济海藻失去食用价值，使航标、航灯乃至定深水雷过重而失效，使输海水的管道孔径缩小失去使用价值，使养殖动植物的附着基被占领而影响种苗的附着，航船也会因负重阻力过大航速减低或被迫停航。

在我国，已报道藤壶超过百种。英文名 barnacle。隶于节肢动物门，甲壳亚门，颚足纲，蔓足亚纲，无柄目，藤壶亚目。

其中东方小藤壶案 *Chthamalus challengeri* Hoek，又俗称马牙，习见于黄渤海岩岸潮上带和高潮带；白脊管藤壶 *Fistulobalanus albicostatus*（Pilsbry）曾用中译名白纹藤壶，习见于中国海，常固着于岩石、木桩、贝壳、船底、红树等硬物上。

龟 足

紫结　紫蛣　石劫　紫嚚　龟脚　蜐　仙人掌　佛手蚶　石蜐　龟脚蛏　龟爪　石花　佛爪　观音掌　鸡冠贝

龟足，先秦记紫蛣，《荀子·王制》："东海则有紫结、鱼、盐焉。"杨倞注："字书亦无结字，当为蛣。"南朝梁时呼蛣为石劫，亦误为蚌蛤类，此见南朝梁·江淹《石劫赋》："石劫，一名紫嚚，蚌蛤之类也，春而发华，有足毕者。"

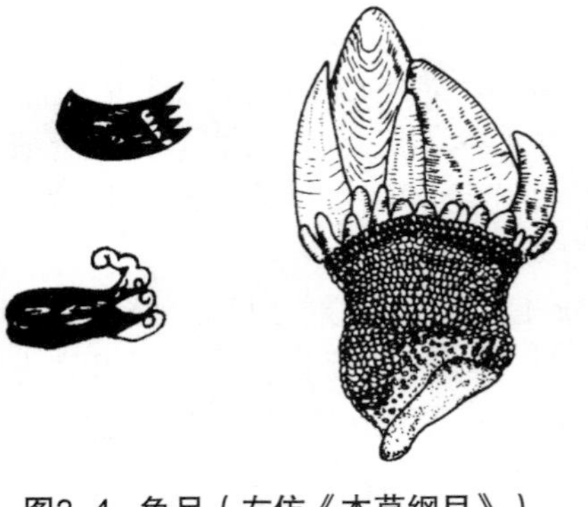

图3–4　龟足（左仿《本草纲目》）

其后，记龟脚等。明·屠本畯《闽中海错疏》卷下："龟脚，一名蜐。生石上，如人指甲。连枝带肉，一名仙人掌，一名佛手蚶。春夏生苗如海藻，亦有花，生四明者肥美。"清·赵学敏《本草纲目拾遗》："石蜐，俗呼龟脚蛏，海滨多有之。"其柄部可食或入药，明·李时珍《本草纲目·介二·石蜐》主治："利小便。"《晋江县志》："仙人掌　一名龟脚。"

龟足为今称，形如龟之足（脚），龟

足学名 *Capitulum mitella*（Linnaeus）。我国台湾称似乌龟的脚爪，故名龟爪。日借用汉字名石花、佛爪。体分头状部和柄部，头状部淡黄绿色，具8块主壳板和20余片小壳板。柄部软，黄褐色具石灰质鳞片。俗称观音掌、鸡冠贝。习见于浙江舟山以南岩岸高中潮区。隶属于节肢动物门，甲壳亚门，颚足纲，蔓足亚纲，铠茗荷科。英文名 acron barnacle。

蟹 奴

（寄生于蟹的腹部，箭头指处）

图3-5 网纹蟹奴
（仿沈嘉瑞等）

唐代记蟹奴、蛎奴、寄居。所记欠详，常相混称。唐·段公路《北户录·红蟹壳》："又，鳞奴如榆荚，在其（蟹）腹中生死不相离。"又："《博物志》曰，南海有水虫，名曰蒯，蚌蛤之类也。其中小蟹大如榆荚，蒯开甲食，则蟹亦出食。蒯合，蟹亦还入，始终生死不相离也。"段文所记，在蟹中"生死不相离"者，今知为蟹奴。而在蛤（蒯）中可出入取食者，为今之豆蟹。非为一物。

蟹奴，体裸露，其蔓状附肢和消化管皆消失，以根状突起伸入寄主体内吸收养料，以短柄附于寄主腹部，寄主以十足甲足动物为主。今为节肢动物门，甲壳亚门，颚足纲，蔓足亚纲，蟹奴的统称。在我国近海的网纹蟹奴 *Sacculina confragosa* Boschma，日借用汉字名蟹寄生虫。寄生于蟹之腹部，且随寄主分布于浅海。参见豆蟹、寄居蟹文。

海蟑螂

民国·徐珂《清稗类钞 动物类》记："海蛆，为甲壳虫类，体长寸许，褐色，有光泽，第二对触角颇长，脚五对，颚脚二对，亦为步行之用，胸腹部区别不明。群栖海岸，行走迅捷。"

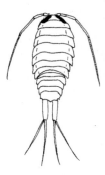

此记即海蟑螂。以海藻为生，尤危及紫菜。其数量每平方米可达数百个（含幼体）。在我国北方，冬伏夏出。严冬寒春蛰伏躲于避风且海浪打不到的向阳的石缝里，数十只挤在一起层层相叠。只有在 4 月中旬以后水温上升时，外出活动，5 月水温达 12℃～15℃时才觅食。因行走迅捷，只有出其不意拍击才能捉住它。

海蟑螂，学名 *Ligia exotica* Roux。隶于节肢动物门，甲壳亚门，等足目，潮虫亚目。日借用汉字名海蛆、船虫。英文名 sea slater。

图3-6　海蟑螂

糠 虾

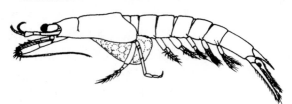

泥鰕　苗鰕　天虾　天鲊　涂苗　酱虾　虾鲊　海糠　鱽　细鱼　海糠鱼　鲻　鲋　苗虾　绿虾　泥虾　鲚　夏糠虾　秋糠虾　苗糠虾　米虾　末货　纳米虾

《尔雅翼·释鱼三·虾》："泥鰕，相传稻花变成，多在田泥中，一名苗鰕"。《四库全书》引宋·范成大《桂海虞衡志·虫鱼》："天虾，状如大飞蚁，秋社后有风雨，则群堕水中，有小翅，人候其堕，掠取之为鲊。"

图3-7　糠虾
（仿刘瑞玉）

按，"稻花变成"、"群堕水中，有小翅"或龙虱和桂花蝉之类水生昆虫入水虽系误记，但制虾酱（鲊）者却系此动物。而泥鰕之名，亦有歧义。

又，《倦游录》："岭南暑月，白蚁入水为鰕，土人夜以火烛取，制为鲊，名天鲊。"明·屠本畯《闽中海错疏》卷中记："涂苗，《海物异名记》云，谓之酱虾，细如针芒，海滨人咸以为酱，不及南通州出长乐港尾者佳。梅花所者不及。"《晋江县志》："尤小者，名苗虾。"清·李元《蠕范》卷三："又米虾、糠虾，以精粗分。"

在我国周边，日用汉字记糠虾名有鱽、海糠、细鱼、鲻、鲋、酱虾、苗虾、绿虾、泥虾、鲚、糠虾、夏糠虾、秋糠虾、天虾、苗糠虾、米虾、涂苗等。

糠虾 *Mysida*，头胸甲长且只与前四个胸节逾合，眼有柄，尾肢常具平衡囊。英文名 sea roach 或 sea louse，mysid shrimp。现今，我国已报道糠虾80余种。胶州湾畔小海鲜的末货，即指糠虾。因其个头小，又与时俱进地被称为纳米虾。

加盐一蒸沾着大蒜吃最为正宗。为节肢动物门，甲壳亚门，软甲纲，糠虾目的统称。

虾 蛄

虾姑　管虾　鰕公　鰕蛄　虾鬼　虾魁　琴虾　虾斗*　青龙*　螳螂虾　琵琶虾　皮皮虾　虾婆婆　虾耙子　爬虾　虾皮弹虫　赖尿虾　虾壳子　虾爬子

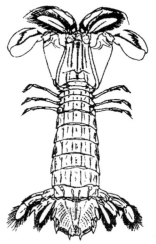

图3-8　口虾蛄
（仿刘瑞玉）

唐朝记虾姑，又称管虾，皆将其归为虾类。明清时有鰕公等名。

唐·段成式《酉阳杂俎·续集·支动》："虾姑，状若蜈蚣，管虾。"明·屠本畯《闽中海错疏》卷中："虾姑，形如蜈蚣，能食诸虾。"清·李元《蠕范》卷三："鰕公，鰕蛄也，管鰕也，似蜈蚣而拥。"清·施鸿保《闽杂记》："虾姑，虾目蟹足，状如蜈公，背青腹白，足在腹下，大者长及尺，小二三寸，喜食虾，故又名虾鬼，或曰虾魁。其形如琴，故连江福清人称为琴虾。又一种壳软而小，头大尾尖者,俗名虾斗。"按，虾斗所记欠详，待考。

《晋江县志》："虾姑，状如蜈蚣，有壳，尾如僧帽。"又"青龙，即虾姑之类。少肉，多黄，味最美。"此待考。

民国·徐珂《清稗类钞 动物类》谓："鰕蛄为鰕类，体长四寸许，第二对脚较草鰕为大，其端弯曲，内缘如锯齿，背节亦较多，全体淡黄微绿，入沸水中，成淡紫色。"

虾蛄，为节肢动物门，甲壳亚门，软甲纲，口足目，虾蛄科的统称。英文名 mantis shrimp。头胸部窄短，最后四五胸节露于头胸甲外，腹部长且扁，尾部和尾肢构成强大的尾扇以适于挖掘。第二对胸足强壮称掠肢。多穴居于泥沙质海底。在我国习见的口虾蛄 *Oratosquilla oratoria*（de Haan），头胸甲长大于宽，第五胸节每侧具2个侧突起，掠肢腕节背缘有3～5齿，掌节具栉状齿。在我国黄渤海区产量很大。

还有螳螂虾、琵琶虾、皮皮虾、虾婆婆之名。沿海各地又俗称虾耙子（大连）、爬虾（烟台）、虾皮弹虫（宁波）、赖尿虾（广东），浙江沿海称虾壳子，辽宁庄河也称虾爬子。

虾

鰕　蝦　蟹　鰝　魵　魵鱼　长须公　虎头公　曲身小子　长须虫　沙虹　朱衣侯

先秦至汉，字书鱼部之鰕、鰝、魵和虫部之蝦，远非一物亦非指今之虾。按本义，鰕为鲵（鲵鱼），蝦为蝦蟆（蛤蟆）。此见《尔雅·释鱼》记："鲵，大者谓之鰕。"《说文》："鰕，鰕鱼也。""蝦，蝦蟆也。"另如《尔雅·释鱼》曰："鰝，大鰕。""魵，鰕。"郭璞注："今青州呼鰕鱼为鰝，音酆。"或《说文》："鰝，大鰕也。""魵，魵鱼也。"

后世视鰕、蝦、鰝、魵为一物并谓之蝦（虾），皆尊东晋大家郭璞之注释。郭璞《尔雅注》："鰕，大者，出海中。长二三丈，须长数尺。今青州呼鰕鱼为鰝。"郭璞《江赋》："尔其水物怪错，则有……水母目蝦。"

《字义总略》："蟹，同虾。"《格致镜原·卷九十五·鰕》引《事物绀珠》："鰕名长须公，又虎头公，曲身小子。"《尔雅翼·释鱼三·鰕》："鰕，多须，善游而好跃。"《玉篇·鱼部》："鰕，长须虫也。"因虾第一二对触角具细长之触鞭，故名。《格致镜原·卷九十五·鰕》引唐·刘恂《岭表录异》："鰕多岁荒，一名沙虹，小者如鼠妇，大者如蝼蛄。"按，虾与荒年无关，然虾名沙虹尚待析。

虾又俗称朱衣侯，朱者红也，虾遇热而赤，亦见清·李元《蠕范》卷八记："鰕，鰝也，魵也，沙虹也，长须公也，朱衣侯也，虎头公也。"又记龙鰕、苗鰕、卢鰕、五色鰕、青鰕、白鰕、红鰕、谢豹鰕、梅鰕、金钩等，还有口足类的虾蛄和非真正虾类的糠虾及天虾等。《晋江县志》："虾，有九节虾，有白丁虾。又白而小者，名玉钩，名白虾。尤小者，名苗虾。小如粟芒者，名玉虾。如尘沫者，名涂虾。其产于池塘者，有螯，名大脚虾。无螯者，名芦虾。"又记："龙虾，长可尺许，其须四缭，长过其身，目睛凸出，上隐起二角负介昂藏，体似小龙，真奇种也。"

又，《尔雅翼·释鱼三·鰕》："芦鰕，青色，相传芦苇所变。"今，刀额新对虾 *Metapenaeus ensis*（de Hann），别名芦虾。《尔雅翼·释鱼三·鰕》："泥鰕，相传稻花变成，多在田泥中，一名苗鰕。"明·屠本畯《闽中海错疏》卷中："稻虾，是稻花所变。"明·屠本畯《闽中海错疏》卷中："按虾，其种不一，而肉味同，诸虾以虾魁为第一，此外又有凉虾，不能尽录。"所记均欠详，多不行用。

尚有赤虾，是对虾科赤虾属 *Metapenaeopsis* 的统称。其头胸甲无纵沟，仅额角上缘具齿，尾节末端具一对固定刺。附肢红色，身体大部具色斜斑纹。《古今图书集成·禽虫典·虾部》引《闽书·闽产》："虾有赤虾、黄虾、沙虾、水港虾、斑节虾、白虾、狗虾。"亦多歧义。

虾之名源，似有三说：

一说，因虾色赤而得名。《说文·鱼部》："鰕，鰕鱼也。"段玉裁注："各本作魵也，今正。鰕者，今之虾字。凡叚声如瑕、鰕、騢等，皆有赤色。"宋·王逵《蠡海集》："虾，熟之色而归赤。"

二说，虾音同霞。明·李时珍《本草纲目·鳞四·鰕》 释名 时珍曰："音霞，俗作虾，入汤则红色如霞也。"

三说，虾通假。《尔雅翼·释鱼三·鰕》："其字从假，物假之而远者。今水母不能动，鰕或附之，则所往如意。"假，借用也。古人认为，水母借（假）虾而运动，此见水母文。

今动物学定义的虾，体长梭形、侧扁，具发达的头胸部和分节的腹部，各部具附肢且具关节。隶属于节肢动物门，甲壳亚门，软甲纲，十足目。为真虾、对虾、鹰爪虾、俪虾等的统称。英文名 shrimp。而以虾为词尾的如龙虾或以虾为词头的虾蛄等，今已析出另释。

据报道，在我国已记海洋虾类 480 多种，黄渤海有 50 多种、东海有 140 多种、南海有 320 余种，尤以对虾、鹰爪虾、毛虾等最具经济价值。

对 虾

五色虾

明·屠本畯《闽中海错疏》卷中："对虾，土人腊之，两两对插以寄远。"说，闽中当地人，在冬天将其风干，两两成对以寄往远处。

另说，以雌雄为对，见《格致镜原·卷九十五·鰕》引《正字通》："今闽中有五色虾，两两干之，谓之对虾。一曰以雌雄为对。"按，文中所指的对虾，该是福建（闽中）沿海产的日本囊对虾或斑节对虾，此见下文。

对虾为对虾科虾的统称。体侧扁，额角上下缘或皆具齿，前三对步足皆呈钳状，腹部腹甲覆瓦状排列。隶于节肢动物门，甲壳亚门，软甲纲，十足目，枝鳃亚目，对虾总科，对虾科。

对虾类体形大，肉质美，产量高。雄性第一游泳足的内肢变形为半管形交接器。雌性的纳精囊位于第四和第五对步足基部间的腹甲，中国明对虾、日本囊对虾、斑节对虾等者为囊状或袋状的封闭型，凡纳滨对虾等的则为非囊状的开放型。

中国明对虾

虾蝦　明虾　对虾　大金钩　东方对虾　中国对虾　大虾　青虾*　黄虾*

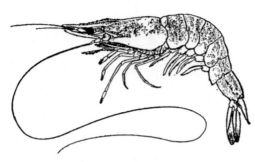

图3-9　中国明对虾
（仿刘瑞玉）

民国·徐珂《清稗类钞 动物类》言："虾蝦，产咸水中，大者长五六寸，出水即死，俗亦谓之明蝦。两两干之，谓之对蝦，为珍馔。去其壳，俗谓之大金钩。鲜者味尤美。"

中国明对虾，曾译名为东方对虾，译自 *Penaeus orientalis* Kishinouye，由岸上镰吉（Kishinouye K）在 1918 年命名。木村重《鳞雅》记，岸上博士为著名的甲壳动物学者，东京帝国大学教授，退休后曾来长江研究水生生物，1929 年客逝成都。1955 年前喻兆琦、刘瑞玉等亦录述该物种。

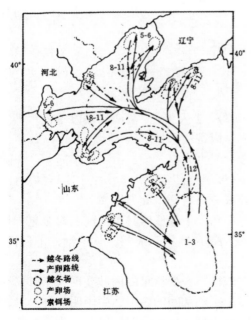

图3-10　中国明对虾的洄游路线（示意图）

20世纪80年代，国人始注意到，该种早在 1765 年被命名为 *Cancer chinensis* Osbeck，后重组入对虾属 *Penaeus*。按《国际动物命名法规》优先律的规定，学名应更正为 *Penaeus chinensis*（Osbeck），故当时译名为中国对虾，东方对虾名随之弃用。

20世纪末，对虾属 *Penaeus* 又一析为六，该物种被置于明对虾属 *Fenneropenaeus*，学名 *Fenneropenaeus chinensis*（Osbeck），故今译名为中国明对虾。联合国粮农组织（FAO）用名 Chinese shrimp。隶属于节肢动物门，甲壳亚门，软甲纲，十足目，枝鳃亚目，对虾总科，明对虾属。

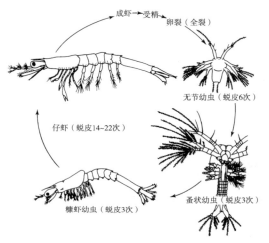

成虾→受精　卵裂（全裂）

无节幼虫（蜕皮6次）

仔虾（蜕皮14~22次）

蚤状幼虫（蜕皮3次）

糠虾幼虫（蜕皮3次）

图3-11 中国明对虾的生命周期（示意图）

中国明对虾体无色带，具零星散布的蓝色细点，额角侧脊不超过头胸甲中部，无肝脊，第三步足短于第二触角鳞片，第一触角上鞭为头胸甲长的1.3倍。雌性体长18~25厘米，体重50~80克，因成熟时雌性生殖腺呈翡翠之青色，故雌虾名青虾（此有歧义，见对虾、沼虾文）。雄性体长15~18厘米，体重30~40克，因成熟之雄性腺呈玛瑙之黄色，故雄虾名黄虾。通称对虾，民间称明虾、大虾。

该虾为生殖、索饵、越冬，洄游于黄海中部和渤海，往返路程达1000余千米，是全球对虾类中洄游路程最长者。习见于黄渤海，少量分布于舟山群岛和广东沿海珠江口，是黄渤海重要的捕捞和养殖对象。因长江泾流的阻隔，常自然分布于长江以北海域，长江以南不形成大的种群，故明代屠本畯所记的对虾，不会是中国明对虾。

世界对虾育苗研究，始于藤永元作"日本对虾的发育研究"和"日本对虾的生殖、发育和饲养"。20世纪60年代中国明对虾实验性育苗获得成功。但1980年以前，捕捞虾虽被养殖虾所替代，养殖虾亦未能突破对虾工厂化育苗的技术难关。而曾普遍采用的日本"生态系育苗法"，即在育苗池内施肥繁殖单胞藻，以此作为对虾幼虫的饵料，且在蚤状幼虫期前不换水的方法，常在无节幼虫发育到蚤状幼虫期时死亡，工厂化育苗多失败。

1980年，国人首次突破对虾工厂化育苗的关键技术。随之而来的是十几年（1981~1992）的大发展。1988~1992年全国对虾养殖年产量，均稳定在20万吨左右，占全球养虾总产量的1/3，稳居世界首位。为沿海渔民脱贫致富，立下汗马功劳。

然而，中国明对虾养虾业的发展，并非一帆风顺。仅在短短的10年，神州大地就涌现多个10万亩级养虾大县，沿海虾池星罗棋布，终致近海水域恶化。1991年又传来"虾瘟"消息。这史无前例的白斑病毒综合症（WSSV），1991年始于海峡两岸，1992年波及浙沪，1993年过长江而后席卷黄、渤海。我国三大对虾（中国明对虾、日本囊对虾、斑节对虾）养虾业无一幸免，均陷入"防无措施，治无良药"的困境。包括对虾捕捞业在内，似乎一夜间就土崩瓦解，跌入了低谷。这说明，盲目发展的代价太大了，致使到今天中国明对虾的捕捞、养殖业均待恢复。

日本囊对虾

五色虾　日本对虾　斑节虾　竹节虾　花虾　车虾

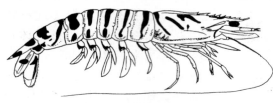

图3-12　日本囊对虾

《尔雅翼·释鱼三·鰕》："今闽中五色虾，长尺余，具五色。"此依体色得名。

曾隶属于对虾属 Penaeus，学名 Penaeus japonicus Bate，故中译名为日本对虾。今用学名 Marsupenaeus japonicus（Bate），中译名日本囊对虾。FAO 用名 kuruma prawn。隶属于甲壳亚门，软甲纲，十足目，枝鳃亚目，对虾总科，囊对虾属。

民国·徐珂《清稗类钞 动物类》记："斑节鰕，长六七寸，前三对脚之尖端具小螯，体色常有青红黄褐等斑，故名。"民间又俗称斑节虾、竹节虾、花虾、花尾虾、车虾等，而依体形或体色之名，颇有歧义。

日本囊对虾色泽艳丽，体表淡褐色至黄褐色，步足和腹肢色黄间具蓝色，尾肢由基部向外依此为浅黄、深褐、艳黄，并具红色缘毛。额角侧脊几达头胸甲后缘，具额胃脊，体躯具横条斑。纳精囊方袋形。在我国，主要分布于江苏以南海域，以福建沿海为多，为我国重要的捕捞和养殖对象之一

斑节对虾

斑节　鬼虾　花虾　草虾　大虎虾　竹节虾　斑节虾　牛形对虾

明·胡世安《异鱼图赞补·虾》："《渔书》云：海虾名最多。黄虾两尾插成对，有金钩、斑节、沙虾、剑尾青之类。"

广东群众称鬼虾、花虾。因其虾苗常附于河口海藻或海草上，台湾称草虾。学名 Penaeus monodon Fabricius，中译名斑节对虾。FAO 用名 giant tiger shrimp，中译名为大虎虾。民间亦称竹节虾、斑节虾、牛形对虾等。隶属于甲壳亚门，软甲纲，十足目，枝鳃亚目，对虾总科，对虾属。

该虾体表具黑褐色、土黄色相间的横的斑条，第一触角上鞭等长或短于头

胸甲，额角上缘 6 ~ 8 齿，下缘 2 ~ 4 齿，额角侧脊不达头胸甲中部且不超过胃上刺，具肝脊，无额胃脊，第五对步足无外肢。生长快、肉味美，亦为我国重要的捕捞和养殖对象。本种主要分布于东海西部、南海北部浅水区，在日本南部、韩国、菲律宾、印尼、澳大利亚、泰国、印度至非洲东部沿岸均有分布。

凡纳滨对虾

白腿对虾　白肢虾　白脚虾　南美白对虾　万氏对虾　凡纳对虾

凡纳滨对虾，又名白腿对虾、白肢虾、白脚虾等，系译自 FAO 用名 white leg shrimp。

因原产地，中译名为南美白对虾。

依学名 *Litopenaeus vannamei*（Boone），核定的中译名为凡纳滨对虾。由学名音译为万氏对虾、凡纳对虾。隶属于节肢动物门，甲壳亚门，软甲纲，十足目，枝鳃亚目，对虾总科，滨对虾属。

该虾体透明浅青灰色，无色带或斑纹，步足白色。主要分布于以厄瓜多尔为中心的南美洲西部海域。是世界上最优良的养殖虾，也曾是世界上规模化育苗难度最大的虾。我国 1988 年引进。这一肉质细嫩、生长快、营养需求低、耐低盐、抗病力非凡的虾种，立即引起对虾养殖业的高度重视。

1996 年农业部下达"南美白对虾（即凡纳滨对虾）苗种繁育技术的研究"的攻关项目。2000 年，中科院海洋所张乃禹等又再次突破工厂化育苗核心技术，实现工厂化育苗，从而拯救了因虾病困扰的对虾养殖业。目前，凡纳滨对虾已发展成为我国乃至全球最大的养殖物种。2007 年的养殖产量占全国对虾总量的 2/3，逾百万吨。

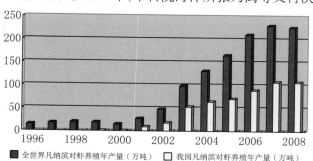

图3-13　凡纳滨对虾在全球及我国的养殖年产量
（自 FAO 2011）

以全球为例，1969 年至 2001 年，凡纳滨对虾的养殖虽经 30 多年漫长岁月，但最高年产量不足 20 万吨。然而，自 2001 年我国凡纳滨对虾工厂化育苗成功并推广后，到 2006 年仅用五年，年产量就达到 200 多万吨。

鹰爪虾

金钩子　金钩　傻虾　红虾　鸡爪虾　厚皮虾　立虾　硬枪虾

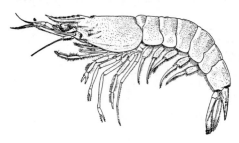

图3-14　鹰爪虾
（仿刘瑞玉）

明·屠本畯《闽中海错疏》卷中："金钩子，小于赤尾，晒干，淡者佳。"明·胡世安《异鱼图赞补》卷下："《渔书》云，海虾名最多……有金钩、斑节、沙虾、剑青尾之类。"

鹰爪虾 Trachysalambria curvirostris（Stimpson），曾用学名 Penaeus curvirostris（Stimpson）。体表粗糙被绒毛，仅额角上缘具齿，头胸甲纵沟短、仅达肝刺前方，尾节末端两侧具活动刺。我国黄、渤海至南海沿岸浅水产。属广温、高盐、底栖游泳之中型虾（体长 5～10 厘米，体重 4～5 克）。俗称傻虾、红虾（此有歧义，另见"长臂虾"文）。英文名 white hair rough shrimp。为节肢动物门，甲壳亚门，软甲纲，十足目，枝鳃亚目，对虾总科，对虾科，鹰爪虾属之统称。

其煮晒干剥制之虾米，商品名金钩虾米。因腹部弯曲，色彩浓淡相宜，似鹰爪或鸡爪，又名鸡爪虾。厚皮虾名，多行用于浙江沿海。市售鲜品名立虾，是煮晒虾米的优质虾之一。虾米英文名 shelled shrimp，意为去皮的虾。似取春谷成米，故曰海米。明·李时珍《本草纲目·鳞四·鰕》："凡虾之大者，蒸曝去壳，谓之虾米，食之姜醋，馔品所珍。"

据报道，我国资源已充分利用，应注意保护。

毛　虾

梅虾　小白虾　玉钩　白虾

《尔雅翼·鳞三·鰕》："梅鰕，梅雨时有之。"清·胡世安《异鱼图赞补》卷下："梅虾，数千尾不及斤，五六月间生，一日可满数十舟。色白可爱。"《晋江县志》："又，白而小者，名玉钩，名白虾。"从所记的大小、形态、捕获时期及产量，均指用盐水煮后晒干制成虾皮的毛虾 Acetes。

在我国，构成毛虾渔业的主要是中国毛虾 A. chinensis Hansen，其次是日

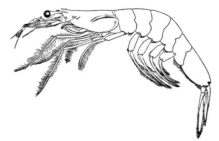

图3-15 中国毛虾
（仿刘瑞玉）

本毛虾 *A. japonicus* Kishinouye。

黄海、渤海、东海是中国毛虾盛产之乡,年产量可达 12 万～14 万吨。体长 1～4 厘米,体透明仅部分附肢红色或微红色,有小白虾之称。和对虾不同的是胸部无第4、5 对步足,头胸甲的额角比眼柄短,尾肢内肢基部具 3～4 个不等大的小红点。喜在港湾或河口中下层水域集群浮游。冬季向深水层移动越冬,春季来近岸浅水产卵,此时成长的虾为夏世代,其受精卵发育为秋世代,越冬者为秋世代和部分残存的夏世代,但寿命不过一年。

沼 虾

青虾 草虾

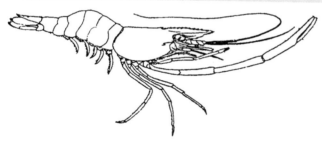

图3-16 日本沼虾
（仿刘瑞玉）

《尔雅翼·释鱼三·鰕》:"白虾,青虾,各以其色。"明·屠本畯《闽中海错疏》卷中:"草虾,头大身促,前两足大而长,生池泽中。"

沼虾为淡水或近岸半咸水域之虾。常栖于水草间,不利于网捕。

渔民常用芦苇或竹制成虾笼,内施以诱饵,以长绳系近百只入水中,待虾钻入而获。隶属于节肢动物门,甲壳亚门,软甲纲,十足目,腹胚亚目,长臂虾科,沼虾属。沼虾 *Macrobrachium*,腹部第二侧甲覆于第 1、3 侧甲外,前二对步足钳状,尤以第二对最大,头胸部粗大、具肝刺,额角侧扁、上下缘皆具锯齿。分布于淡水湖泊和半咸水河口水域。在我国湖沼中习见的日本沼虾 *M. nipponense*(de Haan),体青绿色、带有色斑纹,故称青虾或如屠文所述的草虾。

白 虾

青虾　晃虾　绒虾

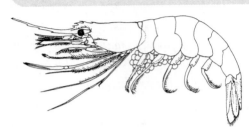

图3-17　脊尾白虾
（仿刘瑞玉）

明·屠本畯《闽中海错疏》卷中记："白虾，生江浦中，郡城南有白虾浦。"

白虾，是我国南北方河口区均有的经济种。为节肢动物门，甲壳亚门，软甲纲，十足目，腹胚亚目，长臂虾科，白虾属的统称。形态和沼虾很接近，唯头胸甲前缘下部具鳃甲刺和触角刺、无肝刺，第二步足不如沼虾那样强壮，额角上缘基部具鸡冠状隆起。白虾生活时透明，微带蓝色或红色小斑点，死后为白色，故名。

其中，以浅海生活的脊尾白虾 *Exopalaemon carinicauda*（Holthuis）习见，产量仅次于中国毛虾和对虾。多用拖网捕获。渔民常称白虾为青虾、晃虾、绒虾。除鲜食外，可干制成虾米。

长臂虾

红虾　桃花虾　红长臂虾　花虾

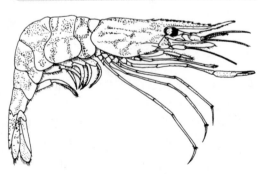

图3-18　葛氏长臂虾
（仿刘瑞玉）

清·李元《蠕范》记龙鰕、苗鰕、芦鰕、五色鰕、青鰕、白鰕、红鰕、谢豹鰕、梅鰕、金钩鰕。

依体色，今之葛氏长臂虾 *Palaemon gravieri*（Yu），俗称红虾、桃花虾、红长臂虾、花虾。

长臂虾，淡水或或近岸半咸水生。为节肢动物门，甲壳亚门，软甲纲，十足目，腹胚亚目，长臂虾科，长臂虾属的统称。其形态似沼虾和白虾。头胸甲内触角刺和鳃甲刺、无肝刺，额角上缘基部不呈鸡冠状隆起，第二螯足长大，步足细长。在黄渤海区，产量最高，其体长在40～70毫米，体透明且微带黄色、具棕红色斑纹，故名。可鲜食或干制成虾米。

龙 虾

鳂 虾魁 虾杯 蛀 水马 藁虾 棘龙虾

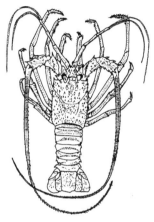

图3-19 中国龙虾
（仿刘瑞玉）

《尔雅·释鱼》："鳂，大鰕。"郭璞注："鰕，大者出海中，长二三丈，须长数尺。今青州呼鰕鱼为鳂。"此有歧义，见上文。

其后，有虾魁、龙虾之称。明·王世懋《闽部疏》："其它鳞介，殊状异态，多不可名。而最奇者龙虾，置盘中犹蠕动，长可一尺许。其须四缭，长半其身，目睛凸出，上隐起二角，负介昂藏，体似小龙，尾后吐红子，色夺榴花，真奇神也。"明·屠本畯《闽中海错疏》卷中："虾魁，《岭表录异》云：前两脚大如人指，长尺余，上有芒刺铦硬，手不可触，脑壳微有错，身弯环亦长尺余。熟之鲜红色，一名虾盆，俗呼龙虾。"

清·李元《蠕范》卷三："蛀，龙鰕也，海鰕也，鰕魁也，水马也。头目如龙，觜利如刀，前两足大如人指，上有芒刺，如蔷薇枝，赤而铦硬，手不可触。大者长一丈，或七八尺。须亦长数尺，可为簪杖。头壳可为盃斗，空中置灯，望之如龙形。"清·郭柏苍《海错百一录》卷四："藁虾，即鳂也。"《晋江县志》："龙虾，长可尺许，其须四缭，长过其身，目睛凸出，上隐起二角负介昂藏，体似小龙，真奇种也。"

民国·徐珂《清稗类钞 动物类》呼："龙鰕，为鰕之绝大者，可食，长七八寸至尺许，体浓赤褐色，胸甲有小疣甚多，前端有二短棘。产于近海，以小甲壳类及贝类为食。其须颇长，韩愈诗：又常疑龙鰕，果谁雄牙须。是也。"

今，龙虾为节肢动物门，甲壳亚门，软甲纲，十足目，龙虾科的统称。英文名 lobster。头胸部粗大圆筒状，腹部稍扁，第二触角具粗长的触角鞭，无钳状大螯，各步足相似亦非钳状。头胸部及第二触角表面具粗短而尖锐的棘刺，国产虾最大者，体长 20 ～ 40 厘米，体重达 0.5 千克。

在我国，已报道龙虾科 2 属 12 种。以东海以南的中国龙虾 *Panulirus stimpsoni* Holthuis 产量最高，舟山群岛以南产的锦绣龙虾 *P. ornatus*（Fabricius）色彩最美。又统称棘龙虾，此译自英文 spiny lobster。参见虾、蟹等文。

寄居蟹

蜎 蚌 蟧 蟛蜎 蟛越 蝎朴 蟊蚏 寄居虫 寄居 蜳 瑣虫 蟛 蜎蟧
彭越 寄生 龙种 蟹螺 蟹蜷 蝐 寄虫 寄生虫 借宿 寄居虾 借屋
寄生虾 寝觉介 蟹守 蟹响螺 海寄生 巢螺 白往房 蝛

蜎、蚌、蟧，亦称蟛蜎，今释为寄居蟹。

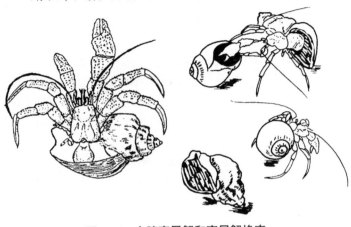

图3-20 方腕寄居蟹和寄居蟹换壳

《尔雅·释鱼》："蜎、蚌，小者蟧。"郭璞注本："螺属，见《埤苍》。或曰即蟛蜎也，似蟹而小者，音滑。"依郭璞注本，自晋以来，常误寄居蟹为螺。

唐代吴（人）又呼蟛蜎为蟛越。唐·刘恂《岭表录异》卷下："蟛蜎，吴（人）呼为蟛越，盖（其）语讹也。足上无毛，堪食。吴越间，多以异盐藏，货于市。"又："蝎朴（jié pǔ），大蟊蚏也。壳有黑斑。双螯，一大一小。常以大螯捉食，小螯分自食。"

唐·段成式《酉阳杂俎·续集·支动》曰："寄居虫，如螺而有脚，形似蜘蛛。本无壳，入空螺壳中载以行，触之缩足，如螺闭户也。火炙之，乃出走，始知其寄居也。"又记："寄居，壳似蜗，一头小蟹，一头螺蛤也。"按，此记常与栖居于蛤中之豆蟹相混。

宋·傅肱《蟹谱》："海中有小螺，以其味辛，谓之辣螺，可食。至二三月间多化为蟛蜎。"按，辣螺死后，其壳为寄居蟹居住，古时称寄居蟹为小蟹，故误为"化为蜎"。

明·王世懋《闽部疏》："莆人于海味最重鳙鱼及寄生……寄生最奇，海上枯蠃壳存者，寄生其中，载之而行，形味似虾，细视之有四足两螯。又似蟹类。得之者，不烦剔取，曳之即出，以肉不附也。炒食之，味亦脆美。天地间无所不有。"所记甚是。

又称为蜳，明·李时珍《本草纲目·介二·寄居虫》集解藏器曰："又南海一种，似蜘蛛，入螺壳中，负壳而走，触之即缩如螺，火炙乃出，一名䗋，别无功用。"《康熙字典·贝部》："本草，琐虫，一名䗋。"

清·李元《蠕范》卷七："曰蟛，蜻蛴也，彭越也，小于蟹，足无毛，螯微有毛。生泥涂中，食土。"彭越音同蟛越。据典说汉梁王彭越，被诬遭杀害后，入水化为小蟹，即彭越。

《古今图书集成·禽虫典·寄居虫》亦认识寄居虫（蟹）与螺"恐非一类，故不合载"。《晋江县志》："寄生，俗呼龙种。海中螺壳虾蟹之属，寄生其中，形亦似螺。火热其尖则走出。"

螱，明·胡世安《异鱼图赞补》引《雨航杂录》："螱似蟛蜞而小。"此歧义见蟹、寄居蟹、单环棘螱文。

民国·徐珂《清稗类钞 动物类》说："寄居虾，虾属，以其形略似蟹，故又名寄居蟹。体之前半有甲，后半为柔软肉体，常求空虚之介壳而入居之，腹部变为螺旋状，与介壳合，故俗又称蟹螺。第一对脚则为大螯，以捕取食物，并为闭塞壳口之用。种类甚多，有居木孔及海绵中者。"

在我国周边，日本采用汉字名寄居、蟹蜷、寄居子、寄居虫、蝐、寄虫、寄生虫、䗋、借宿、寄居蟹、寄居虾、借屋、寄生虾、寝觉介、蟹守、蟹响螺等。现《全国中草药汇编》记为海寄生，《动物学大辞典》记为巢螺。

今，寄居蟹为节肢动物门，甲壳亚门，软甲纲，十足目，歪尾派，寄居蟹科的统称。英文名 hermit crab。体形长，其头胸部具头胸甲但不覆盖最后胸节，第三对步足多退化，腹部软、多左右不对称、螺旋盘曲，腹部附肢退化，尾扇常呈钩状。其形态结构介于长尾类虾和短尾类蟹之间。常栖居于空螺壳或虫管中。在我国已报道寄居蟹 160 余种。其中以居于香螺中的方腕寄居蟹 *Pagurus ochotensis* Brandt 最具食用价值。山东沿海俗称白住房。

蟹

| 鱰 蒱 蛫 无肠公子 螃蟹 郭索 介士 无肠 内黄侯 夹舌虫 蛝鳢* |
| 博带* 尖脐* 团脐* 奭蟹 方海 倚望* 竭朴* 沙狗* 芦虎* 招潮* |
| 石蜠* 蜂江 彭蜻 蟛蜞 长卿 拥剑* 执火* 蟵蚌* 数丸* 千人捏* |
| 红蟹* 虎蟹* 石蟹* 蟚蚏 蟹匡* 蟹* 螱* |

先秦记蟹，《易·说卦》："离……为鳖、为蟹、为蠃、为蚌、为龟。"归介类或甲类，从虫或从鱼。从虫见《大戴礼记》："甲虫三百六十四，神龟为之长，蟹亦虫之一也。"从鱼见《说文·虫部》："鱰、蟹，或从鱼。"

图3-21 蟹图
（仿《古今书集成·禽虫典》）

《尔雅·释鱼》记："蜎、蚌，小者蟧。"郭璞注："为螺属或曰蟧蜎也。"本书已析出，不为蟹。《广雅·释鱼》曰："蛹（fǔ）、蟹、蛫（guǐ）也。"此歧义见螺、寄居蟹文。

依结构，古人谓蟹为无肠公子或无肠，晋·葛洪《抱朴子·登涉》："无肠公子，蟹也。"与虾相比，蟹消化道短，然非无肠。

依运动方式谓之螃蟹，《考工记》："仄行，蟹属。"仄行即侧或横行。唐·贾公彦《周礼·冬官·考工记疏》："今人谓之螃蟹，以其侧行者也。"《神农本草》说："蟹足节屈曲，行则旁横。"蟹横行，在动物界是独一无二的，缘于其步足的关节只能左右动，结果只得一侧的步足推送，另侧者趴地而横行。又因同侧步足前长后短，故遇阻时可绕道而去。

依生理特征称蟹为解甲之虫，《尔雅翼·释鱼四》："蟹，字从解者，以随潮解甲也。"今人认为，虽虾、蟹等生长时均要蜕皮解甲，但独吃蟹需步步解甲，故独呼解甲之虫为蟹。

还有，说蟹可溶漆或化血散淤而得名。宋·陆佃《埤雅》："漆见而辄解，名之曰蟹，一似出于此。"明·冯时可《雨航杂录》："是物以解结散血，得名。"

汉·扬雄《太玄·锐》："蟹之郭索，后蚓黄泉。"讥其性躁，以为郭索。明·李时珍《本草纲目·介一·蟹》 释名 曰："以其横行，则曰螃蟹。以其行声，则曰郭索。以其外骨，则曰介士。以其内空，则曰无肠。"甚是。

《广雅》记："雄曰蜋螖（láng hái），雌曰博带。"后指雄蟹为尖脐，雌蟹为团脐。唐·唐彦谦《蟹》诗："漫夸丰味过蜩蚜，尖脐犹胜团脐好。"宋·陆游《记梦》诗："团脐霜蟹四腮鲈，尊俎芳鲜十载无。"《埤雅·释鱼》："蟹，水虫。壳坚而脆，团脐者牝，尖者牡也。"宋·苏轼《丁公默送蜩蚜》诗："堪笑吴兴馋太守，一诗换得两尖团。"

宋·曾几《谢路宪送蟹》诗："从来叹赏内黄侯，风味尊前第一流。只合蹒跚赴汤鼎，不须辛苦上糟丘。"《渊鉴类函·鳞介部·蟹》引清·厉荃《事物异名录·水族部·蟹》："卢绛从弟纯，以蟹肉为一品膏。尝曰：四方之味，当许含黄伯第一。后因食二螯，夹伤其舌，血流盈襟，绛自是戏以蟹为夹舌虫。"

把刚蜕皮之软壳蟹名为臾蟹，清·孙之騄《晴川蟹录》卷三引明·张九峻《子蟹集》："其匡初蜕，柔弱如棉絮，通体脂凝，（名为）臾蟹。"中草药称蟹为方海。

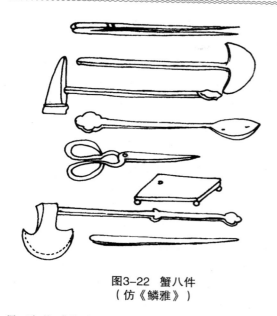

图3-22 蟹八件
（仿《鳞雅》）

蟹更多的俗称或别名，参见中华绒螯蟹文。

写蟹的书，如唐·陆龟蒙《蟹志》、宋·傅肱《蟹谱》、宋·高似孙《蟹略》、宋·吕亢《蟹图》等。因古记有文无图，或文过简，而宋·吕亢之《蟹图》又佚。然宋·傅肱《蟹谱》影响至今："蟹之为物，虽非登俎之贵，然见于经，引于传，著于子史，志于隐逸，歌咏于诗人，杂出于小说，皆有意谓焉。故因益以今之所见闻，次而谱之……聊亦以补博览者所阙也。"

蟹的种类，古记亦多。三国吴·沈莹《临海水土异物志》记倚望、竭朴、沙狗、芦虎、招潮、石蜠、蜂江、彭蜞，晋·崔豹《古今注》记螳蜞、长卿、拥剑、执火，唐·段成式《酉阳杂俎》记蜻蚌、数丸、千人捏，唐·段公路《北户录》记红蟹、虎蟹、石蟹。此外，宋·傅肱《蟹谱》："小者谓之蟚蚎，中者谓之蟹匡，长而锐者谓之蟛，甚大者谓之蜻蚌。"

又《晋江县志》："蟹，其螯与爪皆有毛，大者曰毛蟹，小者曰石蟹。螯无毛，色微黄而小曰螃蚏。小而螯赤，生沟渠中曰螳蜞。壳圆如虎头，有斑点曰虎狮。腰有黄纹者曰金腰带。形扁者曰扁蟹。""蟳，似蟹而大，壳青黄色。又有金屿蟳，色黄，此种味最美，在蟹蟳之上。""蟳，蟳壳圆而蝤壳尖，有紫点，蟳螯光圆，□有棱而长，性颇冷，牝者有黄，牡者无黄，而色青名步青，出在冬春之交，至惊蛰发雷，则牝者吐黄为子，亦无黄矣。"

此按大小分类，又依体色或简记去确认，颇有歧见。

何谓螳蜞、长卿、蟛，明·胡世安《异鱼图赞补》引《雨航杂录》："蟛似螳蜞而小。竭朴大于螳蜞。黑斑有纹，以大螯障目，以小螯食。螳蜞似蟹有毛而赤，性极寒。"又引《古今注》："螳蜞小蟹，生海边泥土中，食土。一名长卿。"长卿，典出自司马相如，相如原名长卿，晋·干宝《搜神记》："螳蜞，蟹也。尝通梦于人，自称长卿。今临海人多以长卿呼之。"

民国·徐珂对蟹的解释甚详，其《清稗类钞 动物类》记："蟹，亦作蠏，一称螃蟹，节足动物，淡水、咸水皆产之，可食。头胸部甲甚阔，腹甲扁平，屈折于胸部之下，有横纹，雄者小而尖，雌者大而圆。复眼在背甲前缘之深窝，有柄承之。大颚坚硬如此，便于咀嚼。脚五对，第一对变形为螯，横行甚速。内脏皆在背甲下，俗所谓六角板者，即心脏，所谓脂与黄者，即精巢及卵巢也。"

食蟹、饮酒、赏菊、赋诗、作画，常为文人墨客金秋时节特有的趣事。食蟹最早又可追溯到西周时代。秦汉间《周礼·天官·庖人》的"蟹胥"，据称是种蟹酱。食蟹工具有锤、镦、钳、铲、匙、叉、刮、针等"蟹八件"，即现代之腰圆锤、小方桌、镊子、长柄斧、调羹、长柄叉、刮片、针。一般为铜铸，讲究者为银制。各具敲、垫、夹、劈、叉、剪、剔、盛等功。旧时吴人吃蟹，把蟹放在小方桌上，剪刀逐一剪下蟹螯和蟹脚，将腰圆锤对着蟹壳四周轻轻敲打一圈，再以长柄斧劈开背壳和肚脐，之后拿钎、镊、锤，或剔或夹或叉或敲，取出蟹黄蟹膏蟹肉，再佐以姜丝、酱油、香醋，真是"一蟹上桌百味淡"。

今，蟹为节肢动物门，甲壳纲，十足目，短尾派动物的统称。英文名crab。蟹头胸部短而扁，外被圆形、梭形、梯形、扇形、方形等发达的头胸甲，具第二对触角，复眼在第二触角的外侧，胸肢五对，第一对钳状曰螯（肢），其余四对非钳状为步足，腹部多屈折于头胸部下，俗称脐，其窄长者为雄，宽圆者为雌。写蟹的著作有沈嘉瑞等《我国的虾蟹》《中国动物图谱 甲壳动物（第二册）蟹类》、戴爱云等《中国海洋蟹类》、陈惠莲等《中国动物志 海洋低等蟹类》等。在我国，已记淡水蟹百余种、海蟹 730 多种。歪尾派的瓷蟹、寄居蟹、椰子蟹、蝉蟹虽也称"蟹"，但分类学中的蟹类不含歪尾派的物种。参见虾、寄居蟹、蝤蛑等文。

关公蟹

虎蚪　鬼蟹　鬼面蟹　鬼脸蟹　平家蟹

清·周亮工《闽小记》卷下："闽中虎蚪，蟹之别派，质粗味劣，无足取。独其壳极类人家户上所绘之虎头，色亦殷红斑驳，北人异之，有镶为酒器者。通州如皋，亦有此种，俗称为关公蟹。"此记，应是馒头蟹科的虎头蟹，后人称的关公蟹非此种类。故清代古籍关公蟹之名，与今称者异物同名。

我国周边的日本称之为鬼蟹、鬼面蟹、平家蟹。

关公蟹为节肢动物门，甲壳亚门，软甲纲，十足目，短尾派，尖口蟹族，关公蟹科，关公蟹属的统称。关公蟹 Dorippe，英文名 musk crab。头胸甲长大于宽近梯形，具沟痕和隆起似关公脸谱，额前具两个中央齿，口框长三角形，腹部末两对足步位于背部。因壳面凹凸状如人脸，俗称鬼脸蟹。现今，在我国已报道关公蟹 10 余种，以日本关公蟹 *D. japonica* Von Siebold，颗粒关公蟹 *D. granulata* De Haan 较为习见，栖于具贝壳的泥沙中，常以后两对步足钩住蛤壳而行。

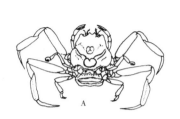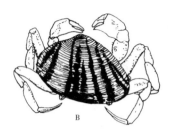

A.日本关公蟹；B.钩住蛤壳的颗粒关公蟹

图3-23 （仿陈惠莲等）

蛙 蟹

虎蟹 红蟹 老虎蟹 加啡蟹 咖啡蟹 朝日蟹 铠蟹 旭蟹

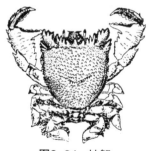

图3-24 蛙蟹
（仿沈嘉瑞等）

唐·刘恂《岭表录异》卷下："虎蟹，壳上有虎斑，可装为酒器，与红蟹皆产琼崖海边。"《古今图书集成·禽虫典·蟹部》引唐·段公路《北户录》："儋州出红蟹，大小壳上多十二点深臙脂色，其壳与虎蟹堪作叠子。"儋州汉置，今属广西。后人红蟹与虎蟹常混称。

蛙蟹 *Ranian ranian*（Linnaeus）形似蛙而得名，体中型，头胸甲宽 6 ~ 7 厘米，大者重 450 克左右。头胸甲长方形、具鳞状突起，腹部未全部折于头胸甲下方，螯足强壮，步足桨片状，适于游泳或挖掘以潜伏于沙中。因蟹甲纹理及鲜艳之橘红色似虎皮纹，名红蟹，别名老虎蟹。外形及颜色似卡通片的加菲猫，故取名加啡蟹或咖啡蟹。为可食种。隶属于节肢动物门，甲壳亚门，软甲纲，十足目，短尾派，裸蟹族，蛙蟹科。英文名 red frog crab。见于我国广西、台湾、广东、海南等地，深 10 ~ 50 米的沙质海底。我国周边的日本，《怡颜斋介品》（1758）称其为朝日蟹，《丹州蟹谱》（1819）记："红蟹，俗称铠蟹，萨州方言朝日蟹。"又记为旭蟹。红蟹此称有歧义，日本称一种馒头蟹亦为红蟹。见馒头蟹、蛙形蟹文。

拳 蟹

千人捏 千人擘

图3-25 豆形拳蟹
（仿沈嘉瑞等）

唐·段成式《酉阳杂俎·广动植二》："千人捏，形似。大如钱，壳甚固，壮夫极力捏之不死。俗言千人捏不死，因名焉。"明·屠本畯《闽中海错疏》卷下："千人擘，状如虾姑，壳坚硬，人尽力擘之不开。〈海物异名记〉云，千人擘聚刺犷壳，擘不能开。《酉阳杂俎》谓之千人捏。"

由上所述，屠文将千人擘和千人捏合为一物，段文之"大如钱"和屠文之"状如虾姑"形非一物。本文释为拳蟹。

今，拳蟹为节肢动物门，甲壳亚门，软甲纲，十足目，短尾派，尖口蟹族，玉蟹科，拳蟹属的统称。英文名 nut crab。其代表种拳蟹 *Philyra*，头胸甲球形或长卵圆形、厚而坚实，口框三角形。因形似拳，故名拳蟹。《中国海洋蟹类》认为千人捏是指拳蟹，而日本文献《千虫谱》（1811）图记为蛙蟹科之琵琶蟹 *Lyreidus*，俗称唐人蟹。在我国，豆形拳蟹 *P. pisum* de Haan，习见于北自辽东半岛、南达海南沿海浅水和低潮线泥沙滩与河口，与一般横行蟹不同，能直行。

馒头蟹

石蜠 雷公蟹 拱手蟹

三国吴·沈莹《临海水土异物志》："石蜠，大如蟹，八足，壳通赤，状如鸭卵。"所记似馒头蟹。馒头蟹头胸甲宽，背面甚隆状如馒头似鸭卵，口框三角形，具鳃九对。广东俗称雷公蟹、拱手蟹。

馒头蟹，头胸甲背部甚隆，表面具 5 条纵列的疣状突起，侧面具软毛。额窄，前缘凹陷，分 2 齿。眼窝小，前侧缘具颗粒状齿，后侧缘具 3 齿，后缘中部具 1 圆钝齿，两侧各具 4 枚三角形锐齿。螯足不对称，右边的指节较为粗壮，螯足收缩时则紧贴前额。步足细长而光滑。雄性腹部呈长条状，第三至五节逾合，节缝可辨，第六节近长方形，第七节锐三角形。雌性腹部呈阔长条形，第

图3-26 馒头蟹
（仿沈嘉瑞等）

六节近长方形，第七节三角形。头胸甲为浅褐色。眼区具一半环状的赤褐色斑纹。螯脚腕节和长节外侧面具一赤褐色斑点。步脚尖端为褐色。雄性头胸甲长 62 毫米, 甲宽 83 毫米, 雌性头胸甲长 70 毫米, 甲宽 93 毫米。

今, 为节肢动物门, 甲壳亚门, 软甲纲, 十足目, 短尾派, 尖口蟹族, 馒头蟹科, 馒头蟹属的统称。

虎头蟹

虎蟳　虎斑馒头

图3-27 虎头蟹
（仿沈嘉瑞等）

清·胡世安《异鱼图赞补》卷下："蟹有虎蟳, 蹒跚而行, 狰狞斑斓, 遂冒虎名。《雨航杂录》, 大者有虎斑文, 阔足亦如蟳。"

蟳, 末对步足最后一节扁平如桨。此记虎蟳, 其后足亦阔如蟳。似今的中华虎头蟹 *Orithyia sinica*（Linnaeus）。头胸甲圆形, 鳃区各有一个呈深紫色圆斑, 如虎眼状。额部窄, 具 3 锐齿, 中部较大而突出长度稍大于宽度。分区明显, 疣状突起对称地分布于各区中心。额具 3 个锐齿, 居中者较大, 前侧缘具 2 个疣状突起及 1 壮刺, 后侧缘具两壮刺, 后缘圆钝。螯足不对称, 右大左小。第四对步足呈桨状, 指节扁平卵圆形。腹部雄性短小呈三角形, 雌性卵圆形。栖息于浅海泥砂底上, 我国黄渤海及东南沿海均有分布。为节肢动物门, 甲壳亚门, 软甲纲, 十足目, 短尾派, 尖口蟹族, 虎头蟹科的统称。日借用汉字名虎斑馒头。

黎明蟹

金钱蟹　虎狮*

图3-28　黎明蟹
（仿沈嘉瑞等）

明·屠本畯《闽中海错疏》卷下："虎狮，形似虎头，有红赤斑点，螯扁，与爪皆有毛。"徐𤊹补疏："金钱蟹，形如大钱，中最饱，酒之味佳。"《晋江县志》："壳圆如虎头，有斑点曰虎狮。"民国·徐珂《清稗类钞 动物类》说："金钱蟹，小蟹也，以其形如钱，故名。产咸、淡水间，有黑膏，可腌食。"

日借用汉字名金钱蟹，即黎明蟹 *Matuta*。适于游泳，为节肢动物门，甲壳亚门，软甲纲，十足目，短尾派，尖口蟹族，金钱蟹科，金钱蟹属的统称。

蝤　蛑

蝤蝥　拨掉子　拨棹子　蝤蝶　青蟳*　拨棹　游泳蟹　梭子蟹*　蟳*

唐·刘恂《岭表录异》卷下："蝤蛑，乃蟹之巨而异者，蟹螯上有细毛如苔，身上八足。蝤蝥则螯无毛，后两小足薄而阔，俗谓之拨掉子，与蟹有殊，其大如升，南人皆呼为蟹。八月，此物与虎斗，往往夹杀人也。"文中谓蝤蛑、蝤蝥，似两物，且蝤蝥指能游泳的蟹，其后所记未能区分，此见唐·段成式《酉阳杂俎·广动植二》："蝤蛑，大者长尺余，两螯至彊。八月能与虎斗，虎不如。随大潮退壳，一退一长。"又《渊鉴类函·鳞介部·蟹》引宋·吕亢《蟹图》："一曰蝤蛑，乃蟹之巨者，两螯大而有细毛如苔，八足亦皆有微毛。二曰拨棹子，状如蝤蛑，螯足无毛，后两小足薄微阔，其大如升。南人皆呼为蟹，八月间盛出，人采之与人斗，其螯甚巨，往往能害人。"

《本草经集注》记蝤蝶（yóu móu）。《说文·虫部》记蝤蝥，蝤即蝎，蝥（máo）毒虫也。

明代，蝤蛑即后足阔扁能游泳之蟹，含拨掉子、蟳，而蝤蝥、蝤蝶多不行用。明·李时珍《本草纲目·介一·蟹》集解颂曰："其扁而最大，后足阔者，名蝤蛑，南人谓之拨掉子，以其后脚如掉也，一名蟳。"清·李元《蠕范》卷上："曰蝤蛑，青蟳也，拨櫂也，似蟹而大，长可尺许，身扁壳青，螯强，两螯有细毛，八足皆有微毛,后足薄而阔。"此处青蚂乃青蟹,梭子蟹亦属同类。拨棹(zhào)子,桨也。拨掉(diào),摆动也。拨棹(zhào),桨也。

民国·徐珂《清稗类钞 动物类》曰:"蝤蛑,一名蟳,蟹类,产海滨泥沙中,可食。壳圆如常蟹,最后两足扁而圆长,无爪,与梭子蟹同,闽人称之为青蟹,较梭子蟹为贵,而俗亦称梭子蟹为蝤蛑。"

今,蝤蛑为节肢动物门,甲壳亚门,软甲纲,十足目,短尾派,方额蟹族,蝤蛑科的统称。头胸甲长大于宽、扁平或稍隆起,口框方形,末对步足至少最后两节扁平如。适于游泳,亦称游泳蟹。在我国已记蝤蛑科 80 余种,含梭子蟹属 *Portunus*、青蟹属 *Scylla* 和蟳属 *Charybdis* 等,均为重要的食用蟹。参见蟹、梭子蟹、青蟹、蟳等文。

梭子蟹

蟹 蟳 蝤 枪蟹 蟭 铜蟹

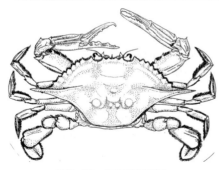

图3-29 三疣梭子蟹
(仿沈嘉瑞等)

宋·傅肱《蟹谱》:"匡长而锐者谓之蟳。"明·屠本畯《闽中海错疏》卷下:"蟭,似蟹而大壳,两旁尖出而多黄。螯有棱锯,利截物如剪,故曰蟭。折其螯随复更生,故曰:龙易骨,蛇易皮,麋鹿易角,蟹易螯。二三月应候而至,膏满壳,子满脐,过时则味不及矣。"按,东海梭子蟹的成熟期是在三四月份,故此记二三月指阴历。

稍后,梭子蟹与青蟳(青蟹)有别。清·施鸿保《闽杂记》曰:"蟳,与蟳同类而异。蟳壳圆如常蟹,而螯一大一小。蟭则两旁有尖棱如梭,两螯皆长。"壳圆而螯一大一小的蟳为青蟹,两旁尖棱如梭且两螯皆长者为梭子蟹。蟭(jié)即梭子蟹,明·胡世安《异鱼图赞补》卷下:"行气勘毒,莫佳于蟭,肉壳多黄,螯最利铦。"又引明·谢肇淛《五杂俎》:"壳两端锐,而螯长不毛,俗名曰蟭。在云间名曰黄甲。"又引《渔书》:"蟭作蟭,云海蟭,蟹属。甲广,两角尖利。螯长数寸,无毛端有牙如剪刀,遇物截之即断,故名。螯有花文,生时色绿,熟则变红……有冬蟭、花蟭、黄蟭、两脚蟭、三目蟭、四目蟭。"此乃记梭子蟹属不同的物种。

今,梭子蟹为节肢动物门,甲壳亚门,软甲纲,十足目,短尾派,蝤蛑科,梭子蟹属的统称。头胸甲横宽，前侧缘齿多于7个，以最后一齿最大，因头胸甲呈梭形而得名。即唐代所记之蝤蛑，后足宽扁具游泳能力者，含今的梭子蟹和青蟹。目前，在我国已记梭子蟹属 *Portunus* 19种，浙江沿海称其为枪蟹，尤以三疣梭子蟹 *P. trituberculatus*（Miers）最著称，其头胸甲茶绿色，背部具三个隆起似疣故名，现已人工养殖。又有紫蟹，即红星梭子蟹 *P. sanguinolentus*（Herbst），其头胸甲后部具三个卵圆形的血红色斑块，分布于福建及其以南海域，此见日本《紫藤园蟹图》。清·桂馥《札朴·乡里旧闻》："沂州海中有蟹，大者径尺，壳横有两锥，俗称铜蟹。"所记不虚。参见蝤蛑、青蟹、蟳等文。

青　蟹

青蟳　蝤蟹

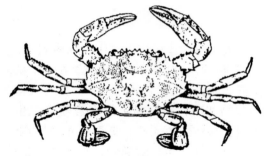

图3-30　青蟹
（仿沈嘉瑞等）

古记青蟹，多杂于梭子蟹和蟳中，且相混称。

宋·戴侗《六书故·虫部》："蟳（xún），青蟳也。螯似蟹，壳青，海滨谓之蝤蟹。"古记视蟳、青蟳为一物。今按沈嘉瑞等《我国的虾蟹》，析为二。

清·施鸿保《闽杂记》："蟹与蟳，同类而异。蟳，壳圆如常蟹，而螯一大一小。蟹则两旁有尖棱如梭，两螯皆长。"本卷释蟹为梭子蟹。文中所记的"蟳"及"壳圆如常蟹，而螯一大一小"者，皆指青蟹，且与下文的蟳有异。

青蟹 *Scylla*，头胸甲横宽，前侧缘具九齿，壳面平滑青绿色，两螯不等大。栖于盐度较低的河口区，在我国东海和南海习见。隶于节肢动物门，甲壳亚门，软甲纲，十足目，短尾派。我国东南沿海习见的锯缘青蟹 *S. serrata*（Forskål），英文名 mangrove crab，有红树蟹之称，味鲜美，营养价值高，已人工养殖。参见蝤蛑、梭子蟹、蟳文。

蟳

图3-31 日本蟳

（仿沈嘉瑞等）

宋·戴侗《六书故·虫部》:"蟳,青蟳也。螯似蟹,壳青,海滨谓之蝤蛑。"视蟳、青蟳为一物。然蟳、青蟳有别。

蟳名何来,谓"惯捕者遍寻其穴而得"。清·胡世安《异鱼图赞补》卷下引《渔书》记:"蟳,一名黄甲蟹,生海岸中,壳圆而滑,后脚有两叶如棹而阔,其螯无毛,穴处石缝中,惯捕者遍寻其穴而得,故名蟳。足善走,渔人得之,即以草紧系而藏之篓,当潮至时,雄在篓中,亦引声沸沫,岭南人谓之拔棹子,一名蝤蛑。余乡蟳有一二尺大,壳可作花盆。汲冢专车之壳必此类。然蟹胜蟳,蟳胜蟵,故陶壳云,一蟹不如一蟹。"文中"壳圆而滑,后脚有两叶如棹而阔",为青蟹的性状。故古记青蟹,多杂于梭子蟹和蟳中,且相混称。

明·王世懋《闽部疏》:"蟹之别种曰蚱蟵,吾地名黄甲。此名海蟳,特多此种。"

今,蟳为节肢动物门,甲壳亚门,软甲纲,十足目,短尾派,蝤蛑科,蟳属的统称。头胸甲扁圆,前侧缘齿七或少于七个、皆不长,螯足长于步足,末对步足桨状。古籍之蟳多杂,含梭子蟹等适于游泳的蟹类,即末对步足呈桨状的馒头蟹科的虎蟳、蝤蛑科的青蟹(青蟳)和蟳,为可食用蟹。

在我国,已记蟳20种,其中日本蟳 *Charybdis japonica*(A.Milne-Edwards),日借用汉字名石蟹。习见于沿海低潮线至10米深的石块下或海藻丛中,头胸甲与螯足深绿色或红色,两指节外侧深紫色,指尖深黑色,螯足掌节上具五齿,俗名赤甲红。是经济价值仅次于三疣梭子蟹的食用海蟹。参见蝤蛑、梭子蟹、青蟹文。

豆 蟹

蟹奴　寄居　蛎奴

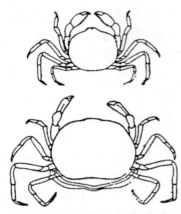

图3-32　中华豆蟹（上雄、下雌）
（仿沈嘉瑞等）

晋·郭璞称"腹蟹"，《南越志》曰"蟹子"，南朝梁·任昉谓之"蟹奴"，唐·段成式说的"寄居"，对其形态和习性的勾勒，皆为今称之豆蟹。

《文选·郭璞〈江赋〉》："尔其水物怪错，则有潜鹄……璅蛣腹蟹，水母目虾。"李善引沈怀远《南越志》："璅蛣，长寸余，大者长二三寸。腹中有蟹子，如榆荚，合体共生，俱为琂取食。"璅珸，五臣本作"琐珸"。南朝梁·任昉《异述记》："璅蛣似小蚌，有小蟹在腹中，为蛣出求食，故淮海之人呼为蟹奴。"唐·段成式《酉阳杂俎·广动植二·鳞介篇》："寄居，壳似蜗，一头小蟹，一头螺蛤也。寄在壳间，常候蜗开出食，螺欲合，遽入壳中。"段文所记，前段甚是，后段记出食则非此。因豆蟹主要夺取所栖动物滤得的食物为生，常失去主动外出摄食之能力。

《尔雅翼·释鱼四》："附蛣者名蛎奴，附蟹者名蟹奴。皆附物而为之役，故以奴名之。"然"蛎奴"和"蟹奴"有别，见各条目。

唐·皮日休《病中有人惠海蟹转寄鲁望》诗："绀甲青筐染箬衣，岛夷初寄北人时。离居定有石帆觉，失伴唯应海月知。族类分明连琐珸，形容好个似螃蜞。病中无用霜螯处，寄与夫君左手持。"诗中，鲁望是皮日休的文友陆龟蒙的字。石帆为海柏扇，海月乃蛎镜窗贝，螃蜞是相手蟹，厚蟹等，皆海洋动物也。琐珸或蛣、璅蛣、璅珸，一说是寄居蟹，本书亦指共栖有豆蟹的海蛤。此见蛤文。

今，豆蟹为节肢动物门，甲壳亚门，软甲纲，十足目，短尾派，短额蟹族，豆蟹属 *Pinnotheres* 的统称。头胸甲圆或横椭圆形，额狭，眼小，口框方形。其雌性个体多栖居于其他底栖动物如贻贝、江珧、珠母贝、扇贝、牡蛎、砗磲、蛤蜊等双壳类的外套腔里，或水母、海葵、海绵等动物的腔隙中，或海参、海胆、多毛等动物的体内、壳内或栖管中。体多无色。在我国，豆蟹科的豆蟹已记20余种。在煮食贻贝或牡蛎时，其壳中的红色小蟹即豆蟹，因豆蟹的栖居，常使养殖贻贝等消瘦而减产。参见蟹奴、寄居等文。

沙 蟹

沙狗　沙钩　走蟹　沙马　沙马仔　幽灵蟹

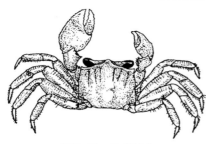

图3-33 痕掌沙蟹
（仿沈嘉瑞等）

三国记沙狗，明时或曰沙钩。三国吴·沈莹《临海水土异物志》："沙狗似彭蜞，壤沙为穴，见人则走，曲折易道，不可得也。"明·冯时可《雨航杂录》："沙狗，穴沙中，或曰沙钩。"沙狗可食，清·黄景仁《皖口》诗："两际赏沙狗，潮头望海猁。"

今，沙蟹为节肢动物门，甲壳亚门，软甲纲，十足目，短尾派，方额蟹族，沙蟹科，沙蟹属 *Ocypode* 的统称。头胸甲长小于宽、近四边形，额角窄而下弯，眼柄较长、角膜肿胀。多为沿岸水陆两栖性，穴居而喜集群，感觉敏锐，善疾走，以沉渣为食。在沿海开敞性沙滩高潮线的痕掌沙蟹 *O. stimpsoni* Ortmann，头胸甲横长形，眼柄粗，螯不等大，体色似沙，多夜间活动，遇敌常以每秒一米多的速度遁逃，民间又称其沙马、沙马仔。英文名 ghost crab，中译名幽灵蟹。

招潮蟹

招潮　倚望　望潮　招潮水　招潮子　蟛　赤脚　拥剑　桀步　港蟹　揭捕子
执火　仙脚　提琴蟹

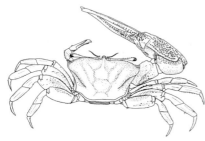

图3-34 弧边招潮蟹
（仿沈嘉瑞等）

三国吴·沈莹《临海水土异物志》："招潮，小如彭蜞，壳白。依潮长，背坎外向举螯，不失常期，俗言招潮水（子）也。"又："倚望，常起，顾睨东西，其状如彭蜞大。行涂上四五，进辄举两螯八足起望，行常如此，入穴乃止。"再："望潮，壳白色。居则背坎外向，潮欲来，皆出坎举螯如望，不失常期。"唐·刘恂《岭表录异》卷下："招潮子，亦蟛蜞之属，壳带白色。海畔多潮，潮欲来，皆出坎举螯如望，故俗呼招潮也。"

清·李元《蠕范》记："鳟，倚望也，望潮也，似蜞而青或白，常举两螯，东西顾睨。行四五，进亦如之，入穴乃止。潮将来，则必坎顾望，不失常期。其迎来，谓之望潮，退潮行泥中。"又，清·郭柏苍《海错百一录》卷三视桀步与拥剑为一物："赤脚，拥剑之属，又名桀步。泉州、福州称赤脚，莆田谓之港蟹，三山志揭捕子。一螯大、一螯小。穴于海滨，潮退而出见人即匿。八闽通志，拥剑螯大小不侔，以大者斗，小者食，一名执火，以其螯赤色也。"民间又俗称仙脚。在无更多的书证，本文均将其视为一类。

民国·徐珂《清稗类钞 动物类》记："招潮，蟹类，小如蟛蜞，壳白，随潮而上，背坎外向，举螯，不失常期，故俗称招潮。"

招潮蟹，为节肢动物门，甲壳亚门，软甲纲，十足目，短尾派，方额蟹族，沙蟹科，招潮蟹属的统称。头胸甲前宽后窄的近四边形，眼柄细长、角膜小，其雄性个体两螯大小悬殊。在我国，已记招潮蟹属 10 余种。习见于潮间带泥滩或河口泥岸、红树林泥涂。其弧边招潮蟹 *Uca arcuata*（de Haan），雄性大螯红色，外侧密集疣突，习见于南海到山东南岸港湾内沼泽泥滩，潮退后出穴，以底表沉积的有机碎屑为食。招潮蟹随潮汐节律周期变换颜色，是近代动物学中研究生物钟极好的动物。以大螯形似名提琴蟹，英文名 fiddle crab。

股窗蟹

数丸　沙丸　涉丸　丸蟹　捣米蟹

唐·段成式《酉阳杂俎·广动植二·鳞介篇》："数丸，形似蟛蜞，竞取土各作丸，丸数满三百而潮至。一曰沙丸。"清·李元《蠕范》："涉丸，丸蟹也。似蜞，常搏土作丸，满三百丸则潮至。"

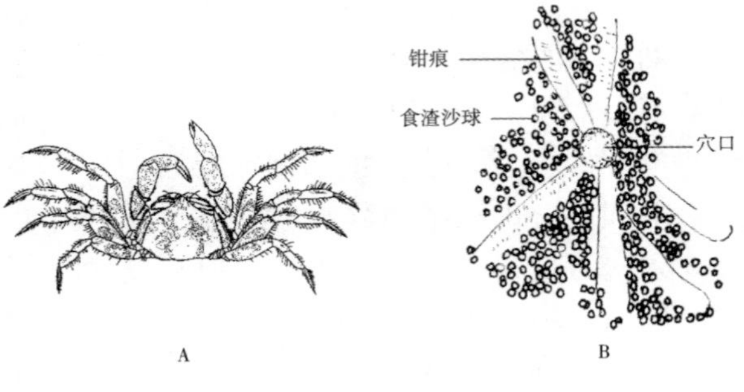

股窗蟹，为甲壳亚门，软甲纲，十足目，短尾派，方额蟹族，沙蟹科股窗蟹的统称。头胸甲前方窄，近球形。因每对步足长节具卵形之膜状结构，故名。圆球股窗蟹 *Scopimera globosa*（de Haan），穴居于泥沙滩潮间带高潮区下部，涨潮时潜入

钳痕
食渣沙球
穴口

A

B

A.外形（仿沈嘉瑞等）　B.摄食迹（仿王珍如等）

图3-35　圆球股窗蟹及其摄食迹

穴内，退潮时则快速摄食穴孔周围的有机沉积物，其食渣经第三对颚足积成沙球，据统计，3小时内，可形成 400 ~ 1 000 粒。对此，我国古籍记数丸，民间常俗称其为捣米蟹。我国已记股窗蟹近10种。

相手蟹

蟛蜞　螃蜞

图3-36　红螯相手蟹

《本草经集注》"海边又有蟛蜞，似蟛蜎而小，不可食。"沈嘉瑞等《我国的虾蟹》记："在我国分布广泛的相手蟹它与厚蟹很相近，俗称蟛蜞。"

此记的为相手蟹，隶于节肢动物门，甲壳亚门，软甲纲，十足目，短尾次目，方额蟹派，相手蟹科。头胸甲方形，左右侧缘平行，额宽且强弯，雄性腹部不完全覆盖末对步足之腹甲。穴居于近海江河湖海的泥岸中，常破坏河岸或农田田埂和水利建设。对人也有危害，是肺吸虫的中间宿主。相手蟹类物种较多，习见的红螯相手蟹 Sesarma（Holometopus）haematocheir（de Haan）等。

中华绒螯蟹

江蟹　河蟹　湖蟹　潭蟹　渚蟹　泖蟹　稻蟹　芦根蟹　阳澄湖大蟹　阳澄湖大闸蟹　阳澄湖清水蟹　澄蟹　胜方蟹　苏蟹　浙蟹　徽蟹　吴蟹　越蟹　淮蟹　沪蟹　毛蟹　橙蟹　大闸蟹　乐蟹　蟛蟹　内黄侯　含黄白　夹舌虫　介秋衡　大煠蟹　中华露指毛手套蟹　大硕蟹　交蟹*　虸蟹*　膏蟹*

中华绒螯蟹，依其生活环境或出水水域，名江蟹、河蟹、湖蟹、潭蟹、渚（zhǔ）蟹、泖（mǎo）蟹、稻蟹、芦根蟹等。

依其产地或集散地，记阳澄湖大蟹、阳澄湖大闸蟹、阳澄湖清水蟹、澄蟹、胜方蟹、苏蟹、浙蟹、徽蟹、吴蟹、越蟹、淮蟹、沪蟹等。

依其形曰毛蟹。依其体色为橙蟹。依其捕捞法称大闸蟹。还有乐蟹、蟛蟹。

文人墨客常呼内黄侯、含黄白、夹舌虫等，见蟹文。又称蟹为介秋衡，

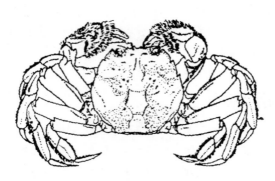

图3-37　中华绒螯蟹
（仿沈嘉瑞等）

见清·蒲松龄《聊斋志异·三仙》篇，其蟹仙乃有甲（介）、大出于秋季（秋）、横通衡。苏州吴音大煠蟹。幼蟹古证为交蟹、虮蟹、膏蟹；英文名 Chinese mitten crab，直译为中华露指毛手套蟹，意为蟹的指节前端裸露，似露指毛手套，为中华沿海诸省之特有种，故得名。毛蟹，英文名 hairy-claw crab，意为螯有毛之蟹。

唐·陆龟蒙《蟹志》："蟹始窟穴于沮洳中，秋冬交必大出。江东人云稻之登也，率执一穗以朝其魁，然后从其所之，蚤夜鬻沸指江而奔。渔者纬萧承其流而障之曰蟹断……既入于江则形质寖大于旧，自江复趋于海。"按，所记除"以朝其魁"不确外，余所甚是。知其洄游习性，旧时以竹为栅，截住获之，又名大闸蟹。

宋·傅肱《蟹谱》亦曰："其生于盛夏者，无遗穗以自充，俗呼为芦根蟹。脊小而味腥，至八月则蜕形已蜕，而形浸大，秋冬之交，稻粱已足，各腹芒走江，俗呼为乐蟹，最号肥美。由江而纳其芒，于海中之魁。遇冰雪则自伏淤淀，不可得矣。"

唐·李白《月下独酌》："蟹螯即金液，糟丘是蓬莱。且须饮美酒，趁月醉高台。"宋·徐似道《游庐山得蟹》："不到庐山辜负目，不食螃蟹辜负腹……持螯把酒与山对，世无此乐三百年。"宋·苏东坡："秋蝇已无声，霜蟹初有味。"明·徐渭《题画蟹》："稻熟江村蟹正肥，双螯如哉挺青泥。若教纸上翻身看，应见团团董卓脐。"均是传世的诗作佳句。

宋·卢祖皋《沁园春·双溪狎鸥》词："笠泽波头，垂虹桥上，橙蟹肥时霜满天。"明·屠本畯《闽中海错疏》卷下："毛蟹，青黑色，螯足皆有毛。"民俗称"九月团脐十月尖"，系指九月（寒露以后）吃雌蟹，十月（立冬前后）食雄蟹。清·李元《蠕范》："螃蟹，长四五寸，足螯有毛，生河海中。"

现代报人、小说家包天笑《大闸蟹史考》（1937年刊于《新晚报》），记"大闸蟹三个字来源于苏州卖蟹人之口……闸字不错，凡捕蟹者，他们在港湾间，必设一闸，以竹编成。夜来隔闸，置一灯火，蟹见火光，即爬上竹闸，即在闸上一一捕之，甚为便捷，这便是闸蟹之名所由来了。"

日人木村重《鳞雅》除记大硕蟹、大闸蟹外，还录章太炎夫人汤国梨名句："不是阳澄湖蟹好，此生何必往苏州。"各版本有"往"、"住"、"在"苏州之别。

湖州人的汤国梨当以"住苏州"好。苏州昆山羊城湖、阳澄湖，又名洋澄湖。洋澄湖并不出名，只是在民国期间，章太炎夫人诗引起。在北京地区，因市场所售者，采运自河北霸州的胜芳，故得名胜芳蟹。

如今，绒螯蟹为甲壳亚门，软甲纲，十足目，短尾派，方额蟹族，方蟹科，绒螯蟹属的统称。尤以中华绒螯蟹 *Eriocheir sinensis* H.Milne-Edwards 最著名，头胸甲近方圆形、墨绿色，螯足掌节内外面均生有稠密之绒毛，为我国沿海诸省的特有种，海里出生，河里成长，平时穴居于江河湖荡泥岸洞穴中，生殖时洄游入海。中华绒螯蟹的人工养殖已遍及沿海诸省，同时已随海船达北欧各国。

节肢动物

节足动物

节肢动物门 Arthropoda（Gr.，*arthron*，joint；*podos*，feet），中译名为足具关节的动物。是动物界 100 多万个物种最大的集合。身体分节，体外具几丁 - 蛋白质且随生长而周期性蜕皮的外骨骼，头部多具触角，附肢具关节。

曾用名节足动物。民国·徐珂《清稗类钞 动物类》言："蟹，亦作蠏，一称螃蟹，节足动物。"

节肢动物门常分为四个亚门：三叶虫亚门、甲壳亚门、有螯亚门、单肢亚门。

三叶虫亚门 Trilobita（Gr.，*tries*，*three*；*lobos*，lobe），该类动物生活于古代海洋，今已灭绝。因体背面两条纵沟将身体分为隆起的中轴叶和两侧扁平的侧叶而得名。晋·郭璞《尔雅注·释鸟》记为蝙蝠石。

有螯亚门 Chelicerata（Gr.，*chele*，talon；*cerata*，horns），该类动物无触角，第一对附肢为螯肢，附肢皆为单肢型。如蜘蛛、蝎、鲎等。海洋中的鲎，亦记为鲎鱼、鲎帆、长尾先生、鲎、鲎牌、鲎媚等，又译为马蹄蟹（horseshoe crab）、大王蟹（king crab）等。

单肢亚门 Uniramia（Gr.，*unus*，one；*ramo*，branch），该类动物具触角一对，附肢单肢型，以气管呼吸。常分为多足动物和昆虫两大类。大多适于陆地生活，昆虫种数虽占动物界 80% 以上，但在海洋里的建树甚微，仅见半翅目的洋蝇（ocean skater）和海水蝇（marine water-strider），寄生的吮虱（sucking lice）和嚼虱（chewing lice）等。

甲壳亚门 Crustacea（L.，*crusta*，a rind or crust shell），该类动物具触角两对，附肢双肢型，以鳃呼吸。

　　海洋拥有众多的甲壳动物，如卤虫（brine shrimp）、桡足类（copepod）、藤壶（acron barnacle）、龟足（goose barnacle）、海蟑螂（sea slater）、南极磷虾（antarctic krill）、虾（shrimp）、蟹（crab）、虾蛄（螳螂虾 mantis shrimp）、龙虾（lobster）等。龟足先秦记"紫蚨"。《荀子·王制》："东海则有紫蚨、鱼、盐焉。"杨倞注："字书亦无蚨字，当为蚨。"南朝梁·江淹《石劫赋》记为石劫，明·屠本畯《闽中海错疏》卷下记为龟脚、仙人掌、佛手蚶等。我国有关虾蟹的记载颇丰，从先秦始有从鱼或从虫之变。虾名何来，常有三说（见虾文）。蟹书古有唐·陆龟蒙《蟹志》、宋·傅肱《蟹谱》、宋·高似孙《蟹略》、宋·吕亢《蟹图》（佚）、清·孙之骒《晴川蟹录》等。何谓蟹，晋·葛洪《抱朴子·登涉》曰："无肠公子，蟹也。"唐·贾公彦《周礼·冬官·考工记疏》"今之谓之螃蟹，以其侧行也。"《尔雅翼·释鱼四·蟹》："字从解者，以随潮解甲也。"均说明我国古代对蟹的内部结构（肠短误为无肠）、运动方式（侧行）、蜕皮现象（解甲）等都有所认识和记载。

　　今人，对虾蟹等甲壳动物的研究和开发均取得很大成绩。

4 海星 海胆 海参

海盘车

海盘缠 海星

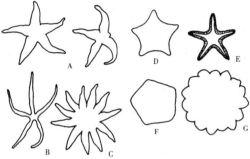

A.罗氏海盘车；B.鸡爪海星；C.太阳海星；
D.海燕；E.镶边海星；F.面包海星

图4-1 海星

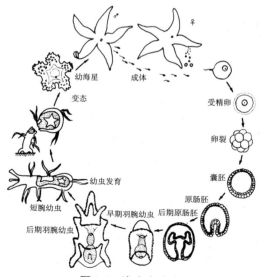

图4-2 海盘车生命周期

清·郝懿行《记海错》："海盘缠，大者如扇，中央圆平，旁作五齿岐出。每齿腹下皆作深沟，齿旁有髯，水虫幺麿误入其沟，便乃五齿反张合并，其髯夹取吞之，然都不见口目处，钓竿所得饵悬腹下。盖骨作四片，开即取食，阖仍无缝也。即乏肠胃，纯骨无肉。背深蓝色，杂以赭点，腹下纯红。其小者背腹皆红。状即诡异，莫知所用。乃至命名，亦复匪夷所思，将古海贝之属。其类非一。及其用之，皆为货贿，故雅擅斯名欤。"所记，海盘缠乃海盘车。郝文之"五齿岐出"乃海盘车的五个腕。在口面，五腕交会处具口。肠胃虽短，但具贲（bēn）门胃、幽门胃、直肠、肛门等的分化。"髯"则是其管足，管足司运动、呼吸、捕食之功。

其中，多棘海盘车 *Asterias amurensis* Lütken 习见于我国北部潮间带至水深100米、双壳蛤多的沙或砾石海底。口面平坦，中央具口。反口面隆起呈五角星形，中央具肛门，消化道短而直，具胃盲囊等的分化。

今，海盘车为棘皮动物门海星纲海盘车科的统称。俗称海星，缘板不明显，具发达的叉棘。海盘缠，系作货贿而得，但何时演化为海盘车，此尚不明，可能因音近或形似车轮之故。

海　燕

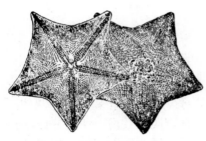

图4-3　海燕
（仿张凤瀛等）

明·李时珍《本草纲目·介二·海燕》 集解 时珍曰："海燕，出东海，大一寸，状扁面圆，背上青黑，腹下白，脆似海螵蛸。有文如蕈菌。口在腹下，食细沙，口旁有五路正勾，即其足也。"此记为今海燕之特征。三国吴·沈莹《临海水土异物志》之鳖鱼，所记欠详，恐非今之海燕。

今，海燕为海星纲，有棘目，海燕科的统称。现今，在我国已报道海燕科3属8种。其习见种海燕 *Asterina pectinifera*（Müller *et* Troschel），反口面具新月形的骨板，其凹面弯向体盘中央，腕5个，也有4～8个者，口面橘红色，反口面深蓝和丹红色相交，见于我国北部沿岸砂、碎贝壳或岩礁海底。

阳遂足

阳燧足　海蛇尾　蛇海星

图4-4　盖氏蛇尾
（仿张凤瀛等）

三国吴·沈莹《临海水土异物志》："阳遂足，此物形状，背黑青，腹下正白，有五足，长短大小皆等，不知头尾所在。生时软，死即干脆。"阳遂即阳燧，系古代取火之凹面铜镜。该类动物因似古代取火器之阳燧而得名。

今，阳遂足为棘皮动物门蛇尾纲颚蛇尾目阳遂足科的统称。台湾名阳燧足。在我国已记阳遂足科动物30余种。其中以滩栖阳遂足 *Amphiura vadicola* Matsumoto 习见于我国沿岸泥砂滩。具5个能自由运动且与体盘分界明显的腕，腕无步带沟和管足，体盘上亦无肛门，筛板位口面，颚顶具成对的齿下口棘。近代动物学因其形似海星，而腕似蛇且脆易断，故中译名统称为海蛇尾、蛇海星或脆海星，此见棘皮动物文。

海　胆

石楹　海绩筐　刺锅子　海刺猬　海荔枝

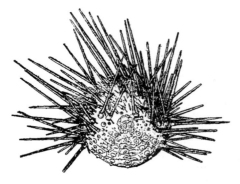

图4-5　紫海胆
（仿张凤瀛等）

宋·梁克家《淳熙三山志·土俗》卷三十九："石楹，形圆，色紫有刺，见人则动摇。"后人称此即海胆。明·屠本畯《闽中海错疏》卷下："海胆，壳圆如盂，外结密刺，内有膏黄色，土人以为酱。按，海胆，四明谓之海绩筐。"又："石楹，形圆色黄，肉紫有刺，人触之，则刺动摇。"清·郭柏苍《海错百一录》卷三："石楹，壳紫似海胆而差扁。苍按闽书所云石楹，询之土人，疑即海胆而异其名也。"

对海胆的利用，见《古今图书集成·禽虫典·杂海错部》引《肇庆府志》："海胆，出阳江海岛石上，壳圆有珠，珠上有硬刺甚长，累累相连，取一带十，如破其一，余皆死粘石上，壳破浆流终不得起。肉色黄有四瓣，鲜煮甚甜。壳用漆灰厚衬，可镶酒杯。"所记肉色黄，指海胆的生殖腺，实为五瓣，经深加工，可腌制成云丹，是优良的营养滋补品。

民国·徐珂《清稗类钞 动物类》记："海胆为棘皮动物，体为半球形，色紫黑，壳面密生硬棘，口在腹部，与背部之肛门位置相对。食道周围有一水管，分枝伸出体外，而成管足，以为运动。栖息于暖地海岸，性迟钝。卵巢黄色，可入盐佐酒，鄞之。以其壳圆如盂，外结密刺，内有黄色之膏，鄞人谓之海绩筐。"

今，海胆为棘皮动物门海胆纲的统称。英文名 sea hedgehog, urchin。球形、半球形、心形或扁盘状，具钙质骨板连成的壳，壳上多具棘刺，口面朝下，中央具 5 个齿。在北方沿海，俗称海胆为刺锅子、海刺猬。

故宫《海错谱》："海荔枝，其形如橘。紫黑色，壳上小瘤如栗。活时满壳皆绿刺如松针而短。"所记为海胆。

光棘球海胆（大连湾紫海胆、黑刺锅子）*Strongylocentrotus nudus*（Agassiz）、

马粪海胆 *Hemicentrotus pulcherrimus*（Agassiz）习见于我国北方沿海。而紫海胆 *Anthocidaris crassispina*（A.Agassiz）习见于浙江以南,其生殖腺可食,明·屠本畯《闽中海错疏》卷下所记恐系该种。

海胆除上述典型的五辐对称者外,尚有近似两侧对称者,此即心形海胆、海钱（沙钱）和海饼干（饼干海胆）等。在我国,已记海胆纲动物100余种。

海 参

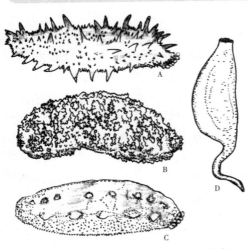

A.刺参；B.梅花参；C.黑乳参；D.海老鼠

图4-6 海参
（仿张凤瀛等）

土肉　海南子　沙噀　戚车　蚘龟
鱼　海黄瓜

三国吴·沈莹《临海水土异物志》:"土肉,正黑,如小儿臂大,长五寸,中有腹,无口目,有三十足。炙食。"文中"有三十足",指海参的管足及其特化而成的肉刺,下文"产于辽海"者为著名的刺参 *Apostichopus japonicus*（Selenka）。三国记"土肉",明代记为"海参",且知南方者不如北方的海参质优。

明·胡世安《异鱼图赞补》卷下:"爰有海参,产于辽海,以配海蛙,牝牡形在。功敌人微,名因不改。"又《五杂俎》"辽东海滨有之,一名海南子,其状如男子势状,淡菜之对也。其性温补,足敌人参,故名。人参一名人微。"

清·李元《蠕范》卷三:"海参,戚车也。黑色,浮游海中,生东海者有刺,生南海者无刺,长可尺余,得而斲之才数寸,像男子势。"又记:"蚘（zhǒu）,土肉也,龟鱼也。色黑,长五寸,大者尺余,状如小儿臂,无口目,有腹肠,三十足如钗股,出海中。"

民国·徐珂《清稗类钞 动物类》说:"海参为棘皮动物,旧名沙噀,而称干者为海参,今通称海参。体长五六寸,圆而软滑,色黑,口缘有触手二十余。其足在背面者,成魂磊形,在腹面者,三行纵列,足有吸盘。肠管纤长,近肛门处有分歧之管,状如树枝,以营呼吸作用,谓之水肺,亦称呼吸树。雌雄异体。

栖息近海，曝而干之，可为食品。以产奉天者为最，色黑多刺，名辽参，俗称红旗参。产广东者次之，色黄，名广参。产宁波者为下，色白，名瓜皮参，皆无刺。别有一种，色白无刺，谓之光参，出福建。然每年自印度、日本输入者亦不少。"

古时，海参亦有伪劣假冒者，此见清·周亮工《闽小记》下卷："闽中海参，色独白，类撑以竹签，大如掌，与胶州辽海所出异，味亦澹劣。海上人，复有以牛革伪为之，以愚人者，不足尚也。"文中的"色独白"者，可能系白尼参 *Bohadschia*。

海南（男）子，为海参的谑称。海黄瓜即海参纲动物，此名译自英文 sea cucumber。

古人常称食泥噀沙者为沙噀，此有歧义，噀（xùn）同潠，潠含水喷也，示海参危急时刻喷水排脏，故海参等皆可称为沙噀。䖸同肘，即"状如小儿臂"的海参。

今，海参为棘皮动物门海参纲的统称。体常呈蠕虫状或腊肠状，腹部常略扁，前端具口，后端具肛门，口周围具触手，体壁骨骼不发达、仅具显微骨片。在我国，已记海参纲动物 100 余种。北方的刺参（体长可达 20 厘米，触手楯状，体背面具 4 ~ 6 行锥形且大小不一的肉刺状管足），南方的梅花参 *Thelenota ananas*（Jaeger）（体长可达 50 厘米，重 10 千克，触手楯状，体背面管足指状且 3 ~ 5 个连成掌状），都具食用价值。

而俗称海老鼠的海棒槌 *Paracaudina chilensis*（J.Müller），其形态酷似老鼠。此见棘皮动物文。

棘皮动物

棘皮动物门 Echinodermata（Gr.，*echino*，hedgehog；*derma*，skin），译自希腊文，意为皮下有棘的动物。是动物界中古老而又特殊的一个门。成体多为五辐对称，而其幼虫则两侧对称。具独特的水管系统和围血系统，体壁内具中胚层来源的内骨骼，是后口动物的主要成员，也是海洋动物的标志。

棘皮动物常分为五纲：海百合纲、海星纲、蛇尾纲、海胆纲、海参纲。

海百合纲 Crinoidea（L.，*crinis*，lily；*oidea*，like），反口面具柄或卷枝，多化石种。现生 650 余种，如海百合、海羊齿（日借用汉字名海齿朵）等。英文名 sea lily。含 100 种有柄的柄海百合 stalked crinoid 和 550 种无柄的海羊齿类 comatulid 或羽星类 feather star。

海星纲 Asteroidea（Gr.，*aster*，star；*oidea*，like），多呈背腹扁平的五角星，

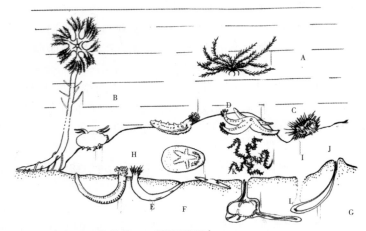

A~B.海百合纲：A.海羊齿；B.深海海百合

C.海星纲：海盘车

D~H.海参纲：D.刺参；E.瓜参；F.锚参；G.芋参；H.深海海参

I.海蛇尾纲：刺蛇尾

J~L.海胆纲：J.球海胆；K.饼干海胆；L.心形海胆

图4-7 棘皮动物

体盘（中央盘）与腕之间无明显的分界，腕的步带沟开放、内具管足，肛门和口位于不同口面。清·郝懿行《记海错》的海盘缠和明·李时珍《本草纲目·介二》的海燕，皆为今海星纲动物。英文名 sea star，又称星鱼 star fish。现生 2 100 余种，如砂海星、槭海星、面包海星、海燕、太阳海星、海盘车等。日借用汉字名有海盘车、红叶贝等。

蛇尾纲 Ophiuroidea（Gr.，*ophiur*，snake；*oidea*，like），和海星相似，但中央盘与腕之间界线明显，腕的形状与运动似蛇，无开放的步带沟。三国吴·沈莹《临海水土异物志》记阳遂（燧）足，形似蜈蚣故俗称海蜈蚣，今行用为蛇尾纲的一科。英文名 serpent star，中译名为蛇海星。英文又名 brittle star，中译名为脆海星。英文名 sea basket 或 basket star，中译名为筐蛇尾或海筐。现生约 2 000 种，如蔓蛇尾、筐蛇尾、阳遂足、辐蛇尾、刺蛇尾等。

海胆纲 Echinoidea（Gr.，*echion*，spine；*oidea*，like），体球形、半球形或心形或扁平饼干状。体壁中的骨板相互嵌合形成外壳，体表亦具各种能活动的棘刺。宋代记石榼，明代称海胆。此外，尚有海绩筐之称。心脏形的心形海胆 heart urchin，扁平如饼干的海钱 sea dollar 或 sand dollar，海饼干 sea biscuit，饼干海胆 cake urchin，其名皆译自英文。现生约 800 种，如刺冠海胆、海刺猬、刻肋海胆、马粪海胆、紫海胆、心形海胆等。

海参纲 Holothuroidea（Gr., *holothur*, cucumber；*oidea*, like），体呈蠕虫状或腊肠形，前端具口，后端具肛门，口周围具触手，体壁骨骼退化为显微小骨片。三国吴记土肉，明代称海参、海南子、戚车等。英文名 sea cucumber，直译为海黄瓜。现生约 1 400 种，如海参、刺参、瓜参、沙鸡子、芋参、海地瓜、海棒槌、锚参等。日借用汉字名有沙噀、海鼠等。

5　诸海虫

偕老同穴

维纳斯花篮

**图5-1
偕老同穴**

古书无此名。然，"偕老"和"同穴"二词源于我国。《诗·邶风·击鼓》："执子之手，与之偕老。"《书·禹贡》："导渭自鸟鼠同穴。"

偕老同穴为一种海绵动物名。幼小的俪虾，成对经偕老同穴筛板孔入内腔，随后虾长大无法逸出，终生被禁锢，故喻称"偕老同穴"。

偕老同穴圆柱形，长 30 ~ 100 厘米，由三轴六放玻璃样的硅质骨针构成其骨架，前端以筛板封顶，后端具成束的长丝状骨针并用以固着在海底硬物上。隶于硅质海绵纲，松骨海绵目，偕老同穴科。

在日本，视偕老同穴的干制标本为男女定情信物，以示到老永不分袂。在西方，视其为爱和美的女神的花篮，英文名 Venus' flower basket，中译名维纳斯花篮。

现今，在我国已报道马氏偕老同穴 *Euplectella maushalli* Ijima、欧氏偕老同穴 *E. oweni* Herklots *et* Marshal 等 5 种。

多孔动物

海绵动物

多孔动物门 Porifera，由拉丁文 *porus* 和 *ferre* 组成。*porus* 即 *pore*，*ferre* 即 to bear，可直译为带孔的动物。

多孔动物门又名海绵动物门 Spongia，此汉字虽见于日文文献，但字义源于我国。《玉篇·糸部》："绵，与緜同。"又"緜，新絮也。今作绵。"因海绵

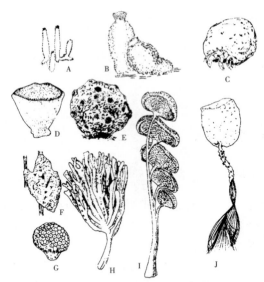

动物多孔如绵（棉）絮，又多海生，由此演绎记为海绵动物。

多孔动物因体表多孔而得名，通称海绵，是动物界身体结构极特殊的一个门类。因成体固着生活又富色彩，长期来又被认为是植物或由其腔内共栖的动物分泌而成。由于显微镜在生物学中的应用以及生理学、胚胎学诸方面的研究，才证实海绵是动物，而且是多细胞动物。现生海绵动物约计5000种，隶属于四个纲。纲名以海绵为词根，冠以所具骨针之钙质、硅质或蛋白质质地。

A.白枝海绵；B.碗海绵；C.寄居蟹海绵；D.水杯海绵；E.真海绵；F.针海绵；G.枇杷海绵；H.蜂海绵；I.矮柏海绵；J.拂子介

图5-2 多孔动物

六放（射）海绵纲 Hexactinellida，又称三轴海绵纲 Triaxonida 及玻璃海绵纲 Hyalospongiae。具硅质骨针，亦称硅质海绵纲，三轴且多为三轴六辐，分散或联结成网。无海绵质丝。体外无皮层，靠变形细胞的伪足联成合胞体覆于体表。鞭毛室简单、指状或分枝。全部海生。多分布于 500 ～ 8 500 米的深海的软底质上。计 600 余种。如偕老同穴 Euplectella、拂子介 Hyalonema 等。

钙质海绵纲 Calcarea，具钙质骨针，游离或次生性逾合，骨针多样但不分为大小骨针。无海绵质丝。皮层具扁平细胞。全部海生，多分布于近岸浅水。单体或群体，个体常小于 15 厘米，圆柱形或杯状。计 400 余种。多分布于海洋沿岸至百米深处，多是浅水种且固着于硬底质。习见种有白枝海绵 Leucosolenia、毛壶 Grantia、碗海绵 Scypha（樽海绵 Sycon）等。

寻常（普通）海绵纲 Demospongiae，骨骼为海绵质丝或兼具非六放的硅质骨针（其中欧斯海绵科无任何骨质成分）。皮层具扁平上皮，鞭毛室小而圆，复沟系，是多孔动物门中最大的一个纲，计 4 000 余种，除淡水海绵科外，全部海生。见于淡水或海洋，海洋者深可达 8 000 余米，能利用岩石、贝壳、泥沙等基底。习见种有枇杷海绵 Tethya（Donatia）、穿贝海绵 Cliona、真海绵（沐浴海绵）Euspongia、蜂海绵 Haliclona、矮柏海绵 Esperiopsis、水杯海绵 Poterion 等。

硬骨海绵纲 Sclerospongiae，与寻常海绵纲相似，除海绵质丝和硅质骨针覆于表面外，基部具蜂巢状的钙质团块。许多出水孔位于钙质团块上方且出水管汇集呈星状。种数少，计 15 种。见于热带浅海具珊瑚的洞穴和隧道中。如角孔海绵 Ceratoporella。

海绵动物多具色彩，绿色来源于其共生的虫绿藻，红、黄、橘黄色是因其细胞内色素（胡萝卜素）的存在。其物种中文名，常以形态或以应用得名。以形态得名者如白枝海绵、枇杷海绵和拂子介等，以应用得名者如沐浴海绵等。

有的海绵是有害的，如穿贝海绵常钻孔穴居于牡蛎、珍珠贝等贝壳中。

如今，海绵动物的色素、类固醇（甾类化合物）以及抗生物质等，都引起化学家和药物学家的极大关注。

栉水母

海胡桃　海醋栗

图5-3 栉水母

民国·徐珂《清稗类钞 动物类》记："栉水母为腔肠动物，单独浮游，不成群体，发生及构造多与普通水母异。有数种。其体或圆如瓜，或扁平如带，体壁极薄而透明，周围有纤毛四条，各分为二，相比如栉，故名。雌雄同体。常游于海面，夜放燐光。"

今，栉水母为栉水母门 Ctenophora（Gr.，*ktenos*，comb；*photos*，bearing）动物的统称。名译自 comb jelly，意为具栉带的水母样的动物。动物体胶状透明，近球形、袋状或叶片形，两侧辐射对称，发达的中胶层中含有肌纤维和变形细胞，多具特殊的粘细胞和 8 条纵行的栉带。

含球形侧腕水母 *Pleurobrachia globosa* Moser，日借用汉字名风船水母。形似胡桃或醋栗。海胡桃名译自 sea walnut。海醋栗名译自 sea gooseberry。

又有兜水母、带水母、瓜水母等称谓。

涡 虫

度古[*] 土虫[*]

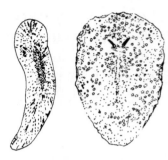

图5-4 海片蛭

涡虫，为自由生活为主的扁虫的统称。涡虫的汉字名，可能引自《尔雅·释水》"涡（过），辨回川"，郭璞注"旋流"。《广韵》"涡，水坳"。涡虫，指水坳（涡）中的虫。

我国是最早记涡虫类动物的国家。唐·段成式《酉阳杂俎·广动植二·虫篇》："度古，似书带，色类蚓，长二尺余，首如铲，背上有黑黄襕，稍触则断。常趁蚓，蚓下复动，乃上蚓掩之。良久蚓化，惟腹泥如涎。有毒，鸡吃辄死，俗呼土虫。"

此系涡虫纲笋蛭 *Bipalium* 的习性。

类似笋蛭的取食方法，亦见于海洋自由生活的海片蛭。岩岸潮间带习见的多肠目动物有薄背涡虫 *Notoplana* 等。

纽 虫

纽形动物　吻腔动物　吻虫　缎带虫

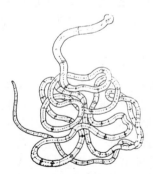

**图5-5 斑管栖纽虫
（仿尹左芳）**

纽虫，其名译自 nemertean, nemertine 或 rhynchocoel。为纽形动物门 Nemertea（Gr., *nemertes*, a sea nymph）或吻腔动物门 Rhynchocoela（Gr., *rhynchos*, beak; *koilos*, hollow）动物的统称。

纽虫蠕虫状，两侧对称不分节，具纤毛，消化道具分离的口和肛门，间质中具闭管式的循环系统。因肠管背方多具能外翻的吻，称吻虫，英文名 proboscis worm。又因其细长如带名缎带虫，英文名 ribbon worm。

线　虫

圆虫

线虫，亦称圆虫，译自英文名 round worm。为线虫门 Nematoda（Gr.，*nema*，thread；*odes*，ike）、Nemata（Gr.，*nema*，thread；*ta*，suffix）动物的统称。

线虫与人类关系密切，很多是人、畜、禽及其他经济动、植物的寄生虫。两侧对称，不分节，无附肢，具假体腔和完全直行的消化管。体壁具角皮和纵肌，无环肌层。具4条表皮索。排泄系统具无纤毛的焰茎球。神经系统具一个神经环和数条纵神经。雌雄异体，各具 1 ~ 2 个管状的生殖腺。水生的线虫几乎全部栖于各种水体的底质中。

线虫体表具角皮，体壁只具纵肌层，咽为三放射状的肌肉质结构，一些原始种类具有可伸缩的口腔。这些特征与线形动物、腹毛动物、动吻动物、有甲动物、曳鳃动物等均有相似之处。但体壁只具纵肌，行背腹式运动则者仅见于线虫和线形动物，二者的关系可能最近。

轮　虫

轮虫，为轮虫门 Rotifera（L.，*rota*，wheel；*fera*，to bear）动物的统称。

前端具纤毛头冠，具假体腔，具完全消化管，咽特化为咀嚼囊，咀嚼囊内有咀嚼器，排泄系统为一对原肾。雌雄异体，但多数雄性退化或无，主要的生殖方式为孤雌生殖。头冠纤毛摆动时犹如转动的车轮，故得名轮虫。

轮虫生活于淡水、海水、潮湿土壤等多种生境中。因体长不及 3 毫米，故常被误为原虫。如臂尾轮虫 *Branchionus* 等。

沙　蚕

海蚕　凤肠　龙肠　蜛蝫　蜛蠩　蛤虫　沙虫　龙膽　海蜈蚣　海百脚

明·李时珍《本草纲目·虫一·海蚕》 集解 李珣曰："按《南州记》云，海蚕生海南山石间，状如蚕，大如拇指。其沙甚白，如玉粉状。每有节。"按，每有节、状如蚕的海蚕非沙蚕莫属，明州系今浙江省鄞县以东沿海，而李珣为唐人，曾书《海药本草》，故唐人已识。

图5-6 沙蚕

唐·韩逾《孔公墓志铭》记："明州，岁贡海虫、淡菜、蛤蚶，可食之属，自海抵京师，道路水陆，递夫积功，岁为四十三万六千人，奏疏罢之。"文中所记的海虫及其后的沙虫，有歧义，此见革囊星虫、方格星虫文。

《晋江县志》："沙蚕，一名龙肠，生海沙。甘美而清，鲜食干食俱佳。"又记"海蜈蚣，状如蜈蚣，色紫。"此处海蜈蚣待考。

古记蜛蝫（zhū），晋·郭璞《江赋》："蜛蝫森衰以垂翘，玄蛎魂磈而碨䃡，或泛滥于潮波，或混沦乎泥沙。"李善注："《南越志》曰：蜛蝫，一头，尾有数条，长二三尺，左右有脚，状如蚕，可食。森衰，垂貌。翘，尾也。"《临海水土异物志》曰："蛎，长七尺。"按，"左右有脚、状如蚕"、"尾有数条"（实为肛须）的形制，又古代"蛎长七尺"、"长二三尺"均10倍于今之尺寸，再如元·陈旅《送海峰刘巡检》诗"石华肥可茹，无用脍蜛蝫"的可食，似海洋中习见的沙蚕。另亦释为八带蛸者，见蛸文。

后世记沙蚕的古籍，多见于明代。明·胡世安《异鱼赞闰集》："沙蚕类蚓，味甘登俎。别种土穿，汁凝盛暑。"引《渔书》："沙蚕，一名凤肠，似蚯蚓而大，生于海沙中，首尾无别，穴地而处，发房引露，未赏外见，取者惟认其穴，菏锸捕之，鲜食味甘，脯而中俎。"又引《蠡书》："沙蚕，无筋骨之强、爪牙之利，穴沙吸露，尚不免见食于人者，以美味也。近闻捕蝉食者，廉而受殃，口腹何厌之有。"现存的《渔书》为明刻残本，作者及年代均无考。故推测此称沙蚕明代前已行用。

明·屠本畯《闽中海错疏》卷下："沙蚕，似土笋而长。"《古今图书集成·禽虫典·杂海错部》引明代《闽书·闽产》："沙蚕，生汐海沙中，如蚯蚓，泉人美谥曰龙肠。"清·郭柏苍《海错百一录》卷四："沙蚕，产连江东岱汐海沙中。福州呼之为龙膥。形类蚯蚓，而其文如布，经纬分明。鲜者剪开掏净炒食，干者刷去腹中细沙，微火略炸，有风味。其形极醜，其物极净。"

沙蚕，民间俗称海蜈蚣、海百脚等。在北美英文名sand worm，中译名为沙虫。在欧洲记clam worm，中译名为蛤虫。潮间带者称rag worm，示沙蚕栖于沙中或有蛤之处。

世界上最早用双名法命名的沙蚕学名是 *Nereis pelagica* Linnaeus，中译名为游沙蚕。在林奈《自然系统》第12版（1767）中，隶属于 *Vernes*（蠕虫纲），*Mollusca*（软体动物目），*Nereis*（沙蚕属）。*Nereis* 之名源于 Nereid。一说源自希腊神话里海中女神之名，另说源于海神 Nereus 的 50 个女儿之一。把蠕动优美的沙蚕比作婀娜多姿的女神。

在我国，已记沙蚕 70 余种。随着海洋鱼虾贝藻海洋养殖业的发展，滩涂土池养殖双齿围沙蚕 *Perinereis aibuhitensis*（Grube）、工厂化水泥池养殖多齿围沙蚕 *Perinereis nuntia*（Savigny）、开闸纳苗虾池养殖日本刺沙蚕 *Neanthes japonica*（Izuka）（日本菏沙蚕 *Hediste japonica*（Izuka））和疣吻沙蚕（禾虫）*Tylorrhynchus heterochaetus*（Quatrefages）等，均已进入开发养殖之列。

疣吻沙蚕

禾虫　海蜈蚣

图5-7 疣吻沙蚕
（体前端示吻翻出）
（仿吴宝铃）

清·吴震方《岭南杂记》："禾虫，形如百脚，又名马蝗。身软如蚕，细如箸，长二寸余，青黄色相间，中有白浆，状甚可恶，产海滨田中。禾根长数尺或至数丈许，缕缕如血丝，随海水而出，漾至海滨，寸寸自断，即为此虫。土人网而取之，午前担负而卖，午后即败不可食。取虫置器中，滴盐醋一小杯，浆自吐，滤以蒸鸡子最鲜。藩逆时，禾虫亦税至数千金，鱼埠蚬塘，其税尤多，民极苦之。"

清·李调元《南越笔记》卷十二记："以初一二及十五，乘大潮，断节而出，以白米泔滤之，蒸为膏，甘美益人。贫者多醃为脯，作醢以食之。"清·赵学敏《本草纲目拾遗·虫部》又记："禾虫，闽、广、浙海滨多有之，形如蚯蚓。闽人以蒸蛋食，或作膏食，饷客为饎。云，食之补脾健胃。粤录：禾虫状如蚕，长一二寸，无种类，夏秋间，早、晚稻将熟，禾虫自稻根出。潮涨（长）浸田，因趁潮入海，日浮夜沉，浮者水面皆紫。采者以巨口狭尾之网系于杙，逆流迎之，网尻有囊，重则倾泻于舟。"上述诸文，记禾虫的形态，食法。其大潮时的捕捞法，似挂子网或张网作业。

今知，禾虫乃疣吻沙蚕 *Tylorrhynchus heterochaetus*（Quatrefages），属广分布的暖温带和亚热带种，在我国，该种主要分布于东海和南海咸淡的河口区。可栖于稻田，啃食稻根，性成熟时群浮于河口区水面。亦俗称海蜈蚣。

环节动物

环虫　环形动物

环节动物门 Annelida（L., *annelus*, little ring ; *ida*, suffix），为真分节、裂生真体腔、多具疣足和刚毛的蠕虫状动物，是软底质生境中最成功的潜居者。习见的有蚯蚓（earthworm）、蛭（leech）、沙蚕（sand worm）。因具分节性，环节动物又简称环虫（ring worm）。日用汉字为环形动物。常分为三个纲。

多毛纲 Polychaeta（Gr., *poly*, many ; *chaeta*, seta），是环节动物门中最大的一纲。包括80余科10 000多种。具疣足和成束的刚毛，体前部具分化良好的头部，多具摄食或感觉的触角、触手、触须和眼，具发达的体腔，无环带，多雌雄异体，生殖系统简单，发育多经担轮幼虫期。多为海生，少数淡水，陆栖者罕见。

多毛动物的中文名，多引自日用汉字文献，常以蚕、虫、蛹等为词根，以生境、形态结构、大小等为词冠。以蚕或沙蚕为词根者如沙蚕、吻沙蚕（血虫）、矶沙蚕、索沙蚕等；以虫为词根者如裂虫、叶须虫、多鳞虫、金扇虫、仙女虫（火虫）、岩虫（中草药亦名海冬虫夏草）、燐虫（牛皮纸虫）、丝鳃虫、小头虫、竹节虫、不倒翁虫（日借用汉字名达磨沙蚕，达磨是守护神或吉祥物，达磨不倒翁又是一种日本传统的工艺品）、笔帽虫、缨鳃虫（扇虫、孔雀虫、羽毛掸虫，日借用汉字名毛枪虫）、龙介虫、笔帽虫等；以蛹为词根的如海蛹。此外尚有沙蠋（海蚯蚓）等。

寡毛纲 Oligochaeta（Gr., *oligos*, scant ; *chaeta*, seta），是人类最熟知的无脊椎动物。统称蚯蚓。两侧对称，分节，具真体腔，无疣足，刚毛数少，头部简单无感觉附肢。雌雄同体，性成熟时具环带，精巢位于卵巢前，直接发育无幼虫期。寡毛类有6 000多种，陆地土壤中虽习见，陆栖寡毛类，但多为淡水生，亦含水陆兼栖和海生者。《说文》记螾、蚓："螾，从虫。"又"蚓，螾或从引。"

蛭纲 Hirudinea（L., *hirudo*, Leech），蛭又称蚂蟥。多背腹扁平，头部无附肢，多无刚毛，具1～2个吸盘但总有后吸盘，具30～34体节且每体节常由3～5体环组成，无疣足，雌雄同体，性成熟时具环带，精巢位于卵巢后部。蛭纲动物近500种，主要是淡水类群，仅部分海生或陆栖。蛭虽有吸血者，但多数蛭是捕食的或食腐物的《说文》记蚑、蛭、蛭：" 谓蛭曰蚑。" 又 " 蛭，蚑也，从虫。" " 蛭，蛭蛭。蛭掌也。"

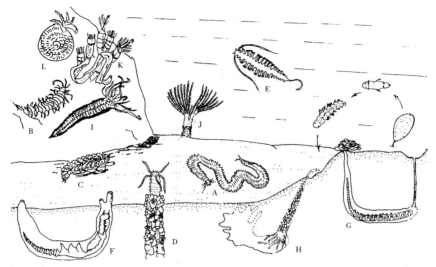

A.沙蚕；B.裂虫；C.鳞沙蚕；D.巢沙蚕；E.浮蚕；F.磷虫；
G.沙蠋（示生活史）；H.笔帽虫；I.蛰龙介；J.缨鳃虫；
K.石灰虫；L.螺旋虫

图5-8　多毛动物

星　虫

花生仁虫

星虫，亦称花生仁虫。为星虫门 Sipuncula（L., *sipunculus*, little pipe）动物的统称。

虫体圆筒或纺锤状，不分节，具真体腔，由翻吻和躯干两部分组成。因其前端的叶瓣或触手呈星芒状，故称星虫。当星虫的翻吻缩入躯干部时，很像一粒花生仁，英文名 peanut worm 或 peanut kernel。

古记颇多，然常与沙蚕、蟶或海参不别。俗称沙蒜、海笋、泥笋、土笋、泥蒜等。

在我国，具资源经济者，有革囊星虫 *Phascolocoma* 和方格星虫 *Sipunculus* 等。

革囊星虫

沙巽　泥笋　泥蒜　海蚕　海笋　土笋　土蒜　土蚯　海钉　海丁　泥钉
土钉　土丁　海冬虫夏草　涂蚕　泥虬

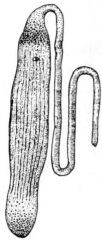

图5-9　革囊星虫

清·周亮工《闽小记》上卷："予在闽，常食土笋冻，味甚鲜美。但闻其生于海滨，形类如蚯蚓，终不识作何状。后阅宁波志，沙巽块然一物，如牛马肠脏……谢在杭作泥笋，乐清人呼为泥蒜。"《古今图书集成·禽虫典·杂海错部》引《福州府志》："海蚕俗名泥笋。"

革囊星虫亦俗称海笋、土笋、土蒜、土蚯、海钉、海丁、泥钉、泥丁、土钉、土丁、海冬虫夏草。隶于星虫门，革囊星虫科，革囊星虫属 *Phascolocoma*。分布于浙江以南等沿海半咸水域和红树林泥滩。其弓形革囊星虫学名 *P. arcuatum*(Gray)，曾用学名 *Phycosoma esculenta* Chen et Yeh，加工成的煮制品市售产品名"土笋冻"或"海笋冻"。《晋江县志》："涂蚕，类沙蚕而紫色，土人谓之泥虬。可净煮作冻。"

方格星虫

沙蒜　海笋　沙虫　沙肠子　海肠子　柴利

图5-10　方格星虫

吴·沈莹《临海水图异物志》："沙蒜，一种曰海笋。"笋为竹初从土里长出的嫩芽，《说文》："笋，竹胎也。"

俗称沙蒜、沙虫、沙肠子、海肠子。方格星虫 *Sipunculus*，栖于泥沙滩或沙质海底，为浙、闽、两广等地的经济种。沙虫干为方格星虫加工后的干制品名。福建连江地方名柴利。

沙蚕亦称沙虫，单环棘蚴亦称海肠子。此称的歧义，参见沙蚕、单环棘蚴文。

单环棘螠

海鸡子　海肠子　看护虫　匙虫　螠*

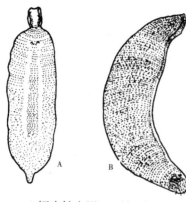

A.短吻铲夹螠；B.单环棘螠

图5-11　螠

我国典籍中曾记螠为小蟹,明·胡世安《异鱼图赞补》引《雨航杂录》:"螠,似蟛蜞而小。"按,蟛蜞,寄居蟹也,见该文。其后有缢女,为昆虫名。再后,日用汉字文献,用于单环棘螠 Urechis unicinctus(von Drache)。

单环棘螠俗称海鸡子、海肠子。棘螠又名看护虫,此称译自英文 inkeeper worm。因多种小蠕虫、小双壳类、虾虎鱼等共栖于其栖管中,似被"看护"。海肠子为单环棘螠在山东胶东一带的俗称。海鸡子即单环棘螠在胶东一带的谑称。

隶于螠门 Echiura(Gr., echis, snake; L., ura, tailed)。故螠门动物统称为螠。螠常由细长的吻和粗大的躯干部组成,吻能伸缩但不能缩入躯干部,不分节,具真体腔。因吻腹面的沟槽呈匙状,故自英译名为匙虫(spoon worm)。

苔　虫

苔藓动物　群虫　外肛动物

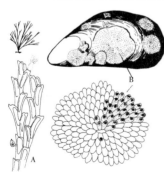

A.草苔虫；B.膜孔苔虫

图5-12　苔虫

苔虫,为苔藓动物门 Bryozoa(Gr., bryon, moss; zoon, animal)的统称。英文名 sea mat。是动物界中唯一以植物名命名的动物门。简称苔虫。

苔虫可靠无性出芽构成直立或被覆型的群体,故名群虫(polyzoa)。构成群体的个体(个虫),具马蹄形的触手冠,U形消化管,角质、胶质或钙质的外骨骼(虫室)。因肛门位于触手冠外,故又名外肛动物 Ectoprocta。

帚 虫

箒虫

图5-13 帚虫

帚虫，因似倒置的苔帚故得名。日借用汉字名箒虫。在动物界，是先识其幼虫后识其成体的动物门。辐轮幼虫是帚虫的幼虫期。

帚虫为帚形动物门 Phoronida（Gr., *pherein*, to bear；L., *nidus*, nest）动物的统称。由马蹄形或螺旋形的触手冠、圆柱形的躯干及其稍膨大的末球组成。

海豆芽

江蛲 土铫 沙屑 指甲 江桡 江蛲 土坯 沙屑 饭匙 水豆芽 舌形贝
三味腺贝

图5-14 海豆芽

《蠡史》曰："介属生根柢，惟此一种，盖奇品也。昔中有贵，食而美之。篿篿尽见根，笑谓海错，亦箸豆芽乎。"明刻残本《渔书》："江蛲，生海泥中，壳如花瓣，而缘有根，直植于泥，白如豆芽。壳软，肉边有毛而白，海味之佳者。"

明·屠本畯《闽中海错疏》卷下："土铫，一名沙屑。壳薄而绿色，有尾而白色。味佳。"又"指甲，以形似名之。""江桡，指甲之大者。"清·胡世安《异鱼赞闰集》："江蛲，介属根植，其名江蛲，壳分碧瓣，肉缘素毫。"《晋江县志》："土坯，亦名沙屑。壳色绿而旁有毛，尾色白。生海中，亦名土饭匙，亦名海豆芽。"清·李调元《然犀志》记："水豆芽，蛏类也。鲜时壳中有一肉柱如牙箸，腌之则无。"

海豆芽 *Lingula*，隶于腕足动物门无铰纲。具触手冠。因背腹具两片几丁质和磷酸钙似压舌片样的壳（舌形贝）和一条肉柄，酷似豆芽而得名。习见于潮间带泥沙滩，借助肉柄和壳钻穴于泥沙中。日借用汉字名三味腺贝。

海豆芽经历了几千万年或数亿年的地质时代，迄今仍存活并保留着祖先的原始特征，在现生类群中存活的仅几种，且分布范围有限，故有活化石之称。

酸浆贝

灯贝　穿孔贝　石燕　鸮头贝

酸浆贝 *Terebratelia* 单体，具触手冠。因具碳酸钙的背腹两片壳，故常被误为双壳类。隶于腕足动物门，无铰纲。为广分布的冷水种。习见于我国北方

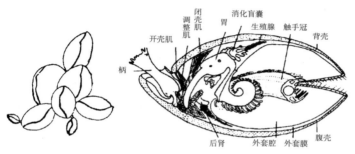

近海岩岸和有岩石露头的海底，有时也固着于软体动物壳上，个体间又相互固着成簇群居。

酸浆贝，又称灯贝（lamp shell），也称穿孔贝。其化石名石燕。晋·罗

图5-15　酸浆贝

含《湘中记》及本草学均记有石燕。《太平御览》引《湘中记》："零陵有石燕。形似燕，得雷雨则群飞。"明·李时珍《本草纲目》"李勣曰，石燕出零陵。"又"恭（苏敬）曰，永州祁阳县西北一十五里土岗上，掘深丈余取之，形似蚶而小，坚重如石也。俗云因雷雨则自穴中出，随雨飞坠者，妄也。"古生物学译名为鸮头贝（stingocephalus），因腹壳喙弯曲似鸮喙。

箭　虫

毛颚动物　玻璃虫　矢虫

箭虫，为毛颚动物门 Chaetognatha（Gr., *chaite*, hair; *gnathos*, jaw）的统称。体较透明似箭，英文名 arrow worm 或俗称玻璃虫（glass worm）。日借用汉字名矢虫。

因体前端具颚毛（刚毛），中译名毛颚动物（chaetognath）。体侧具侧鳍，尾具尾鳍，直形消化道，具肛后尾。除底栖的锄虫 *Spadella* 等属外，多为海洋浮游捕食者，在浮游生物拖网生物量中常占优势。

图5-16 箭虫

此外，箭虫还和海域里特定理化性质的水体（水团）结下不解之缘。据报道，强壮箭虫 *Sagitta crassa* 只分布于中国和日本近海和内湾是黄海水团和日本内海低盐水的指标种，六鳍箭虫 *S. hexaptera* 和龙翼箭虫 *Pterosagitta draco* 是东海黑潮流的指标种，而中华箭虫 *S. sinica* 是东海西部混合水和日本南部沿岸水的指标种。

柱头虫

橡果虫　宝珠虫　舌形虫　长吻虫

柱头虫，为半索动物门 Hemichordata（Gr., *hemi*, half; *chorda*, cord）肠鳃纲动物的俗称。因具橡果状的吻得名橡果虫（acron worm）。日借用汉字名宝珠虫。

柱头虫由吻、领、躯干3部分组成，具口索和体腔，并常具鳃裂。

半索动物又称隐索动物（adelochorda），通常包括肠鳃纲和羽鳃纲。

肠鳃纲动物蠕虫状，除柱头虫外，又有舌形虫（tongue

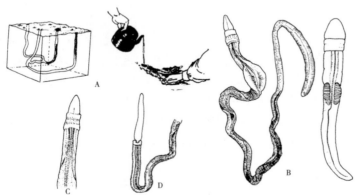

A.三崎柱头虫外形、穴道及水冲采集法；B.短殖舌形虫；
C.多鳃孔舌形虫；D.黄岛长吻虫

图5-17　柱头虫
（仿张玺等）

worm）、长吻虫等。其中，三崎柱头虫 *Balanoglossus misakiensis* Kuwano、短殖舌形虫 *Glossobalanus martenseni* Horst、多鳃孔舌形虫 *G. polybranchioporus*（Tchang *et* Liang）、黄岛长吻虫 *Saccoglossus hwangtauensis*（Tchang *et* Koo）等，均为我国一级保护动物。

中文名索引

外文名索引

A

E

F

G

N

R

S

T

参考文献

汉·戴德. 大戴礼记·丛书集成初编：第 1 027~1 028 册 [M]. 北京：商务印书馆

汉·许慎. 清·段玉裁注. 说文解字 [M]. 上海：上海古籍出版社，1988

汉·杨孚. 异物志·丛书集成初编：第 3 021 册 [M]. 北京：商务印书馆

晋·郭璞. 尔雅注·丛书集成初编 [M]. 北京：商务印书馆

晋·张华. 博物志·丛书集成初编：第 1 342 册 [M]. 北京：商务印书馆

晋·陆玑. 毛诗草木鸟兽虫鱼疏 [M]. 清初刻本

吴·沈莹. 临海水土异物志 [M]. 张崇根辑校. 北京：农业出版社，1988

梁·任昉. 述异记 [M]. 武汉：湖北崇文书局

梁·肖统. 昭明文选 [M]. 北京：中华书局，1977

魏·贾思勰. 齐民要术 [M]. 北京：中华书局，1956

魏·张揖. 广雅·丛书集成初编：第 1 160 册 [M]. 北京：商务印书馆

唐·欧阳询. 艺文类聚 [M]. 北京：中华书局，1959

唐·苏敬. 新修本草 [M]. 上海：上海科学技术出版社，1959

唐·徐坚. 初学记 [M]. 北京：中华书局，1962

唐·段成式. 西阳杂俎 [M]. 北京：中华书局，1981

唐·刘恂. 岭表录异·丛书集成初编：第 3 123 册 [M]. 北京：商务印书馆

唐·段公路. 北户录·丛书集成初编：第 3 021 册 [M]. 北京：商务印书馆

宋·李昉. 太平御览 [M]. 北京：中华书局，1960

宋·李昉. 太平广记 [M]. 北京：中华书局，1961

宋·李石. 续博物志·丛书集成初编：第 1 343 册 [M]. 北京：商务印书馆

宋·沈括. 梦溪笔谈·丛书集成初编：第 1 843 册 [M]. 北京：商务印书馆

宋·傅肱. 蟹谱·丛书集成初编：第 1 359 册 [M]. 北京：商务印书馆

宋·毛胜. 水族加恩簿 [M].

宋·罗愿. 尔雅翼 [M]. 合肥：黄山书社，1991

宋·高承. 事物纪原 [M]. 北京：中华书局，1989

宋·范成大. 桂海虞衡志 [M]. 南宁：广西民族出版社，1984

明·杨慎. 异鱼图赞·丛书集成初编：第 1 360 册 [M]. 北京：商务印书馆

明·黄省曾. 鱼经·丛书集成初编：第 1 360 册 [M]. 北京：商务印书馆

明·李时珍. 本草纲目 [M]. 人民卫生出版社，1959

明·王世懋. 闽部疏·丛书集成初编：第 3 161 册 [M]. 北京：商务印书馆

明·冯时可. 雨航杂录 [M]. 上海：文明书局，1922

明·彭大翼. 山堂肆考 [M].

明·何乔远. 闽书 [M]. 福州：福建人民出版社，1994

明·屠本畯. 闽中海错疏·丛书集成初编：第 1 359 册 [M]. 北京：商务印书馆

明·屠本畯. 海味索隐 [M]. 清代同治三年（1646 年）刻版

明·方以智. 方以智全集：第一册 通雅 [M]. 上海：上海古籍出版社，1988

明·徐光启. 农政全书 [M]. 中华书局，1956

明·王圻. 三才图会 [M].

明·陈懋仁. 泉南杂志·丛书集成初编：第 3 161 册 [M]. 北京：商务印书馆

清·胡世安. 异鱼图赞补·丛书集成初编：第 1 360 册 [M]. 北京：商务印书馆

清·胡世安. 异鱼图赞闰集·丛书集成初编：第 1 360 册 [M]. 北京：商务印书馆

清·褚人穫. 续蟹谱 [M]. 世揩堂藏版

清·周亮工. 闽小记·丛书集成初编：第 3 162 册 [M]. 北京：商务印书馆

清·屈大均. 广东新语 [M]. 北京：中华书局，1985

清·张英，等. 渊鉴类函 [M].

清·陈廷敬. 康熙字典 [M]. 北京：国际文化出版社公司，1993

清·陈元龙. 格致镜原 [M].

清·蒋廷锡，等. 古今图书集成 [M]. 北京：中华书局 1934

清·黄宫绣. 本草求真 [M]. 上海：上海科学技术出版社，1959

清·李调元. 南越笔记·丛书集成初编：第 3 125~3 127 册 [M]. 北京：商务印书馆

清·李调元. 然犀志·丛书集成初编：第 1 359 册 [M]. 北京：商务印书馆

清·历荃. 事物异名录 [M]. 北京：中华书局，1990

清·桂馥. 说文义证 [M]. 台北广文书局，1961

清·赵学敏. 本草纲目拾遗 [M]. 北京：商务印书馆，1955

清·郝懿行.尔雅义疏 [M].北京：北京中国书店

清·郝懿行.记海错 [M].清光绪五年（1879 年）刻版

清·李元.蠕范.丛书集成初编：第 1 358 册 [M].北京：商务印书馆

清·郭柏苍.海错百一录 [M].清光绪十二年（1886 年）刻版

民国·徐珂.清稗类钞 [M].北京：中华书局，2003

百子全书：第 1~8 册 [M].杭州：浙江人民出版社，1984

十三经注疏 [M].北京：中华书局，1983

中国甲壳动物学会.甲壳动物学论文集（第四辑）[M].北京：科学出版社，2003

金石大字典 [M].天津古籍书店

陈惠莲，孙海宝.中国动物志无脊椎动物：第三十卷 甲壳动物亚门 短尾次目 海洋低等蟹类 [M].北京：科学出版社，2002

陈育贤.台湾自然观察图鉴 海岸生物 [M].度假出版社　2001

高尚武，洪惠馨，张世美.中国动物志 无脊椎动物：第二十七卷 刺胞动物亚门 水螅虫纲 管水母亚纲 钵水母纲 [M].北京：科学出版社，2002

董聿茂，等.中国动物图谱 甲壳动物：第一册（第二版）[M].北京：科学出版社，1982

董正之.中国动物志 无脊椎动物：第二十九卷 软体动物门 腹足纲 原始腹足目 马蹄螺总科 [M].北京：科学出版社，2002

董正之.中国动物志 软体动物门 头足纲 [M].北京：科学出版社，1988

苟萃华，汪子春，许维枢.中国古代生物学史 [M].北京：科学出版社，1989

李海霞.汉语动物命名考释 [M].成都：四川出版集团巴蜀书社，2005

廖玉麟.中国动物志 棘皮动物门 海参纲 [M].北京：科学出版社，1997

廖玉麟.中国动物志 棘皮动物门 蛇尾纲 [M].北京：科学出版社，2004

刘瑞玉，王绍武.中国动物志 无脊椎动物：第二十一卷 甲壳动物亚门 糠虾目 [M].北京：科学出版社，2000

刘瑞玉，钟振如.南海对虾类 [M].北京：科学出版社，1986

刘瑞玉.中国北部经济虾类 [M].北京：科学出版社，1955

罗桂环，等.中国科学技术史 生物卷 [M].北京：科学出版社，2005

林光宇.中国动物志 软体动物门 腹足纲 后鳃亚纲 头盾目 [M].北京：科学出版社，1997

马绣同.中国动物志 软体动物门 腹足纲 中腹足目 宝贝总科 [M].北京：

科学出版社，1997

　　钱仓水．说蟹 [M]．上海：上海文化出版社，2007

　　齐钟彦，林光宇，等．中国动物图谱 软体动物：第三册 [M]．北京：科学出版社，1986

　　齐钟彦，等．中国动物图谱 软体动物：第二册 [M]．北京：科学出版社，1983

　　齐钟彦，等．黄渤海的软体动物 [M]．北京：农业出版社，1988

　　沈嘉瑞，刘瑞玉．我国的虾蟹 [M]．北京：科学出版社，1976

　　沈嘉瑞，戴爱云．中国动物图谱 甲壳动物：第二册 蟹类 [M]．北京：科学出版社，1966

　　宋正海，郭永芳，陈瑞平．中国古代海洋学史 [M]．北京：海洋出版社，1986

　　孙瑞平，杨德渐．中国动物志 无脊椎动物：第三十三卷 环节动物门 多毛纲（二）沙蚕目 [M]．北京：科学出版社，2004

　　萧贻昌．中国动物志 无脊椎动物：第三十八卷 毛颚动物门 箭虫纲 [M]．北京：科学出版社，2004

　　王世舜译注．尚书 [M]．成都：四川人民出版社，1982

　　王珍如，等．青岛、北戴河现代潮间带底内动物及其遗迹 [M]．武汉：中国地质大学出版社，1988

　　王祯瑞．中国动物志 无脊椎动物：第十二卷 软体动物门 双壳纲 贻贝目 [M]．北京：科学出版社，1997

　　王祯瑞．中国动物志 无脊椎动物：第三十一卷 软体动物门 双壳纲 珍珠贝亚目 [M]．北京：科学出版社，2002

　　吴宝铃，孙瑞平，杨德渐．中国近海沙蚕科研究 [M]．北京：海洋出版社，1981

　　杨德渐，孙瑞平．海洋无脊椎动物 [M]．济南：山东科学技术出版社，1983

　　杨德渐，孙瑞平．中国近海多毛动物 [M]．北京：农业出版社，1988

　　杨德渐，孙瑞平．来自大海的疑问 海洋动物篇 [M]．青岛：中国海洋大学出版社，1998

　　杨德渐，孙世春．海洋无脊椎动物学 [M]．青岛：中国海洋大学出版社，2006

　　杨德渐，王永良，等．中国北部海洋无脊椎动物 [M]．北京：高等教育出版社，1996

袁柯校注.山海经 [M].上海：上海古籍出版社，1980

张凤瀛，廖玉麟，等.中国动物图谱 棘皮动物 [M].北京：科学出版社，1964

张素萍.中国海洋贝类图鉴 [M].北京：海洋出版社,2008

张玺，齐钟彦，李洁民.中国北部海产软体动物 [M].北京：科学出版社，1955

张玺，齐钟彦.贝类学纲要 [M].北京：科学出版社，1961

张玺，齐钟彦，等.中国经济动物志 软体动物：第一册 [M].北京：科学出版社，1961

张玺，齐钟彦，等.南海双壳类软体动物 [M].北京：科学出版社，1960

张玺，楼子康.牡蛎 [M].北京：科学出版社，1959

邹仁林.中国动物志 无脊椎动物：第二十三卷 腔肠动物门 珊瑚虫纲 造礁石珊瑚 [M].北京：科学出版社，2001

庄启谦.中国动物志 无脊椎动物：第二十四卷 软体动物门 双壳纲 帘蛤科 [M].北京：科学出版社，2001

［日］小野田胜造，等.内外动物原色大图鉴 [M].东京：诚文堂新光社，1943

［日］木村重.鳞雅 [M].华中铁道版，1945

［日］椎野季雄.水产无脊椎动物学 [M].东京：培风馆，1969

［日］青木正儿.中华名物考（外一种）[M].范建明译.北京：中华书局，2005

Jaume B et al. Back in time: a new systematic proposal for the Bilateria. Phli. Trans. R. Soc. 2008 B 303:1481-1491

后 记

在弘扬民族文化的鼓舞下，涉入这陌生的领域。在探求海洋动物名物的渊源和流变中，寻查古籍。

感谢中国海洋大学图书馆，破例允许我们进入书库。使我们足不出校，就有书可借，有书可读。

感谢我国海洋无脊椎动物分类学的前辈和诸多朋友，他们辛勤研究的成果，为我们今天的撰写打下了基础。

《晏子春秋》曰："为者常成，行者常至。"在一份坚持中，完成初稿。

初稿完成后，又在"所录书证是否最早，所选是否得当，行文是否规范"中，反复查对核校，颇费时日。

随后，贝、蟹、虾各章，送请编写《中国动物志》各卷的主编批正，蟹条目和临摹的图寄送蟹文化的学者审阅。

朋友对书稿的肯定，鼓励着我们。有信说，"大札收读，各条目收词众多，印证丰富。既有古籍所载，又有科学条目，好多条目打通了两者的关系。以我所见，前所未有，这并非抬高。近读《辞海》（旧版），其中打通古今者只有几条……"

我们写的《海洋无脊椎动物学》、《中国动物志 无脊椎动物第三十三卷 环节动物门 多毛纲（二）沙蚕目》，是最早转录本书成果的教科书或专著。

在我国，人才进入生物技术学、分子生物学等前沿学科，分类学被边缘化又少支持的情况下，本书的出版自然遇到不少困难。

就这样，时间转瞬而逝，我们也都由耳顺之年迈过了古稀。

我们认为，对中华动物名物的考释，仍任重而道远。有生物学自身的发展问题，还有汉语音义、语义和文学艺术方面的诸多存疑。也许只有不同学科的学者联袂合作，才能全面完成。

最近，本书稿得到中国海洋大学出版社的支持，终使本书得以付梓。感谢他们。